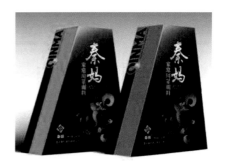

图 4-17　特异色在包装中的应用

图 4-21　传统纹样在包装中的应用

图 5-2　包装上的形象色　　　　　图 5-3　包装上的象征色

图 5-11　夹心水果糖包装　　　　　图 5-12　老年食品包装

图 5-13　礼品的包装

图 5-14　啤酒包装

图 5-22　淮阳泥泥狗包装

图 6-1　食品类商品包装

续图 6-1　食品类商品包装

续图 6-1　食品类商品包装

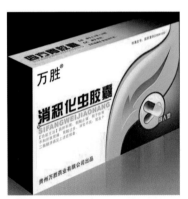

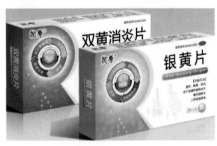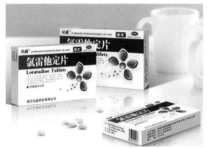

图 6-2　药品类商品包装

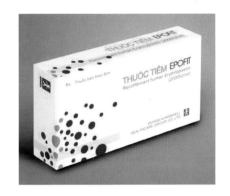
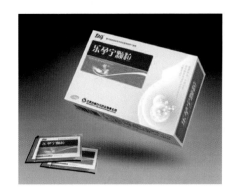

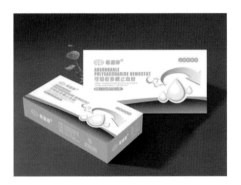

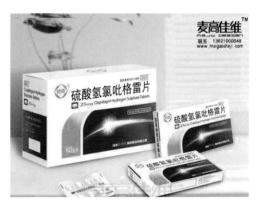

续图 6-2　药品类商品包装

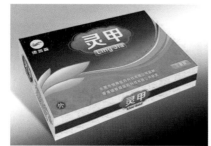

续图 6 - 2　药品类商品包装

图 6 - 3　日用品包装

续图 6-3　日用品包装

图 6-4　饮料包装

续图 6-4 饮料包装

图 6-5 礼品包装

续图 6-5　礼品包装

包 装 设 计

冯 华 编著

西北工业大学出版社

西 安

【内容简介】 本书包括两大部分,共6章。第1部分包括第1,2,3,4章。这部分围绕包装设计的三个环节,着重介绍了包装设计的理论和方法。其中,第2章包装容器造型设计,主要介绍硬质包装容器的造型设计方法及表达方式;第3章包装结构设计,主要介绍包装盒的结构设计方法;第4章包装装潢设计,主要介绍包装装潢的三大设计要素——文字、图形和色彩的运用技巧及设计理论。第2部分包括第5,6章。这部分围绕包装在商品销售环节中发挥的作用,介绍提高包装市场价值的方法,主要从包装的广告效应,消费者心理及品牌创建三方面论述。

本书可以作为高等学校包装设计相关专业的教材,也可供包装设计相关从业人员参考。

图书在版编目(CIP)数据

包装设计/冯华编著.—西安:西北工业大学出版社,2018.9
ISBN 978-7-5612-6335-8

Ⅰ.①包… Ⅱ.①冯… Ⅲ.①包装设计 Ⅳ.①TB842

中国版本图书馆 CIP 数据核字(2018)第 224276 号

BAOZHUANG SHEJI
包 装 设 计

责任编辑:华一瑾   策划编辑:华一瑾
责任校对:万灵芝   装帧设计:李 飞
出版发行:西北工业大学出版社
通信地址:西安市友谊西路 127 号   邮编:710072
电   话:(029)88493844   88491757
网   址:www.nwpup.com
印 刷 者:陕西向阳印务有限公司
开   本:787 mm×1 092 mm   1/16
印   张:8.875   彩插 10 页
字   数:216 千字
版   次:2018 年 9 月第 1 版   2018 年 9 月第 1 次印刷
定   价:45.00 元

如有印装问题请与出版社联系调换

前　言

　　包装作为商品的外衣,是商品在市场流通中必不可少的一部分。同时,面对竞争日益激烈的市场环境,包装已经成为提升商品市场竞争力的有效工具,对商品的销售起着非常重要的影响。包装的功能也从最初的盛装和保护产品的基本功能,逐渐演化出了储存、携带、促销、传播产品信息和文化信息等多种延伸功能。这些都对包装的理论研究和实践指导性提出了更高的要求。包装设计作为包装这个门类里的一个分支,着重研究产品的包装结构和包装装潢设计,着力于产品的销售包装部分,它是一门集艺术性和科学性于一体的课程。

　　本书结合市场对包装设计的要求,注重实践与理论的结合,详细地介绍了包装设计的理论方法,并在此基础上,阐述了包装设计作为产品营销的有效工具,以及如何更好地发挥它的重要作用。本书内容包括两部分,分别是绪论、包装容器造型设计、包装结构设计、包装装潢设计、包装设计与产品营销及包装案例赏析等6章。

　　本书具有下述特色。

　　(1)结构合理,易教易学。本书以总—分—总的思路,设置章节逻辑关系。在章节内容的规划上,以包装设计的各个环节为依据来划分,每章内容相对独立,在设计流程上又紧密相关。这样的书目结构既有利于读者对单个知识点的学习与查询,又有利于他们理清各个知识点间的逻辑关系,从而有效地提升学习效率。

　　(2)知识全面,深入浅出。本书内容覆盖了销售包装的各个环节,在理论内容阐述时,针对各个设计环节的重要知识点进行详细讲解,内容丰富全面。在讲解方法上综合运用案例分析、归纳总结等表达方式,深入浅出地讲述,使学习者能很容易地掌握并理解知识点。

　　(3)与市场需求结合,实践指导性强。本书的前四章注重设计理论方法的讲述,后两章注重实践指导。在第5章中,结合包装在商品营销中的作用,从广告宣传、品牌创建和消费者心理分析三方面,结合实例介绍了使包装更适合包装市场需求的设计技巧和方法。最后一章,在归类总结各类商品包装方法技巧的基础上,呈现了大量的包装设计案例,以此来提升学习者的设计能力,具有很强的实践指导性。

　　编写本书曾参阅了相关文献资料,本书中列举的包装案例的图片来自百度图库,在此一并向其作者表示衷心的感谢。

　　由于水平有限,书中难免存在不足之处,敬请广大读者批评指正。

编　者
2018 年 3 月

目　　录

第1部分　理　论　篇

第 2 部分　实　践　篇

第1部分 理 论 篇

第1章 绪 论

1.1 包装基本概念

包装是随着人类社会的发展而不断发展完善的,因此对包装的概念界定也会随着时间不断完善和改进。同时,包装在不同国家发展的情况不同,各个国家对其定义也都不完全一致。例如,美国早些时期对包装的界定:包装是指符合产品的需求,依照最佳成本,便于货物的传送、流通、交易、储存与贩卖而实施的统筹整体系统的准备工作。可见他们认为包装是为产品的运输和销售的准备行为。日本则提出包装最初是为了便于顾客携带,将商品放于一定的容器。之后又进行了完善和改进,指出包装是使用适当之材料、容器而施以技术,使产品安全到达目的地。随后又补充了包装中还包括装潢的部分,指出包装对盛装商品容器的美化作用。在欧洲,英国对包装最初的界定,提出包装是为货物的运输和销售所做的艺术、科学和技术上的准备工作。在美洲,加拿大对包装的定义是包装是将产品由供应者送达顾客或消费者,而能保持产品处于完好状态的工具。虽然各自说法不一致,但都从一定的角度阐明了包装的功能性。

这里给出对包装的定义:包装是为在流通过程中保护产品,方便储运,促进销售,按一定技术方法而采用的容器、材料及辅助物等的总体总称。或描述为:为了达到保护产品,方便储运,促进销售等目的而在采用容器材料和辅助物的过程中,施加一定的技术方法等的操作活动。

商品包装就内涵而言,可以分为包装设计和包装工程两大方面。

(1)包装设计。包装设计是指将包装设计艺术与技术相结合,以商品的保护、使用、促销为目的,将科学的、社会的、艺术的及心理的诸多要素整合在一起的专业设计。从内容上划分,包装设计主要有包装容器造型设计、包装结构设计、包装缓冲设计、包装艺术设计及包装设计法规等。同时,它还包含造型、文字、图案、色彩及表层光洁度等美学范畴。包装设计致力于塑造容器精美、图形新颖、文字鲜明、色彩夺目、材质优良,既能装饰和美化商品,又能促进商品销售的包装物品。

此外,包装设计概念有宏观和微观之分。一个完整的包装设计基本包括产品品名、品牌、商品图形、包装材料、包装结构及包装色彩等六大要素,并具有目标性、系统性、创造性等特点。

(2)包装工程。包装工程包含与包装容器造型有关的理工学科技术,如结构,材料,防湿、防霉、防腐及表层处理技术等,同时还包括包装件的运输、包装机械设计等。

1.2 包装的功能

包装具有多种功能,其中最主要是以下几种功能。

(1)保护功能。包装的保护功能体现在两个层面上,首先是物理保护功能:包装对商品具有防震、防挤压、防盗、缓冲的保护性,如大型电器包装箱中放有塑料泡沫起到防震缓冲等作用。其次是化学保护性:通过包装,可以对商品起到防潮、防紫外线、防霉、防腐蚀、防虫、防油及保鲜等功能,如鲜奶采用铝塑复合材料包装,起到隔氧作用。包装的保护功能,不仅给企业带来效益,而且也给消费者的购物与商品使用带来安全感和信赖感。如良好的保护,可以保证商品从厂家经由各种运输渠道,完好无损地到达商家和消费者手中。保护性能好的包装可以延长商品的使用寿命,让消费者长时间地安全使用商品。保护功能是包装的基本功能之一。

(2)便利功能。包装的便利性,主要与包装材料的选择和运用、包装结构、容器造型设计的科学性密切相关。这种便利性主要体现在两方面,一方面,对于消费者而言,商品的包装给其提供了购买时携带的便利性。同时,也给消费者在使用商品时带来方便,比如方便开启、方便封合及方便保存等。另一方面,对企业和销售部门而言,合理的包装设计,为包装的生产带来便利,比如所选包装材料的多种成型工艺,大大降低了包装的成本。再比如打孔、挂钩等细节的设计,给商品陈列提供了多种选择,有利于企业选择更多的销售形式。便利功能是包装的基本功能之一。

(3)促销功能。随着物质生活的丰富,商品种类越来越多,商品同质化越来越明显,从而导致了日趋激烈的品牌竞争。消费者面对柜台上琳琅满目的商品,购买决策的影响因素逐渐感性化,于是,作为产品外衣的包装对消费决策的影响日益升级。一件设计独特的商品包装,以其准确的定位、科学合理的结构、新颖的构图、动人的形象、简明的色彩,足以激发起消费者的购买欲甚至促成购买行为。促销功能是包装的延伸功能之一。

(4)传播功能。企业通过包装与消费者之间进行信息沟通,包装中的文字,给消费者客观地传达了商品的基本信息;包装中的图形,对商品的外形或特性进行了形象而直观的传达,这些都让消费者对所购买的产品有了明确的认识。包装的传播功能是包装的延伸功能之一。

1.3　包装的分类

包装设计的形式具有多样性、复杂性与交叉性,一般情况下包装设计分类不尽相同。

按照包装层次不同,可以将包装分为小包装、中包装和外包装。

(1)小包装。小包装又称为内包装,是指直接与产品接触的包装。如香水、酒类的包装瓶,饮料、点心、饼干的包装盒,瓜子、花生等小食品的包装袋,等等。小包装的材料选择很重要,一定要选择稳定性和安全性都好的材料。最常用的有玻璃瓶、陶瓷瓶、纸包装袋及复合材料等。小包装在生产中与产品配装成一个整体。在小包装上一般要标注重要的商品信息,如商标、商品性能介绍、使用说明、条码及出厂日期等,以宣传商品、指导消费、提高产品的商业价值为主要目标。小包装是宣传产品和包装装潢的主要对象。

(2)中包装。中包装指内包装的外层包装,是以数个单个产品小包装为一组,形成大于原产品的包装组合。这些包装一般都是以 3 个、6 个、8 个、10 个为一组,有的是 12 个或者 24 个为一组,如八连杯的奶制品包装、一套茶具的组合包装等。

这种中包装能适应商品流通的需要,其主要目的首先是保护性,把合格的产品完好无损地送到消费者手中,既不能采用夸张过分的包装,也不能采用防护能力较差的包装。其次是便于运输、装卸、贮存、销售和使用。中包装上也要有完整的包装标识。要把包装标志说清楚,简明扼要地表达产品的主要性能和特征。在设计中包装时要注意避免过度包装,可以从三方面控制过度包装。第一,应该注意的是中包装费用与内装物价值的比例,一般来说中包装费用应低于商品售价的 3%～6%。第二,注意中包装空间的有效利用率。一般而言,中包装中用于商品以外的空间容积不宜过大,一般不超过总包装空间的 20%。第三,中包装在选择材料和包装造型设计时,要有环保意识,所选材料要便于回收、再生利用和处理,以减少环境污染。

内包装和中包装一般合称为销售包装。

(3)外包装。外包装又称为大包装或集合包装。它是指将一定数量的商品或产品包装件装入具有一定规格、强度和长期周转用的包装容器内,形成一个更大的运输单元。通常所见的有三种包装形式:①集装箱包装,是指一次能装入若干货物的运输包装件、销售包装件或数量大的散装货物的大型包装容器。②集装托盘包装,是指把若干件货物集中在一起,堆叠在运载托盘上,构成一件大型货物的包装形式。③集装袋包装,是指用柔软、可折叠的涂胶布、树脂加工布、交织布以及其他柔性材料制成的大容积性包装容器,如谷物、豆类、干货、矿砂、化工产品等的包装。功效比常规纸袋包装提高十几倍以上。由于外包装只用于运输过程中,因此,更注重其保护性和容装性。

除了以上分类外,对包装还有以下几种不同角度的划分。

(1)按包装的形态分为箱、筒、听、罐、瓶、盒、管及袋等。

(2)按包装物分为食品包装、药物包装和化妆品包装等。

(3)按包装材料分为木质包装、纸质包装、塑料包装、金属包装和玻璃包装等。

(4)按商品数量分为单件包装、姐妹包装和成组包装等。

(5)按商品档次分为简易包装、普通包装和礼品包装等。

(6)按设计效果分为单件包装、系列包装和组合包装等。

(7)按包装结果分为手提式、可展开式、开窗式和折叠式包装。

(8)按销售地区分为内销包装、外销包装等。

(9)按运输方式分为铁路、公路、航空和水运包装等。

(10)按目的分为销售包装、运输包装等。

(11)按使用单位分为军用包装、民用包装等。

(12)按使用次数分为一次性包装、复用包装等。

1.4　包装的产生与发展

包装的产生比较早,早在旧石器时代,就已经有了无意识的包装形式。此后,随着人类文明、科学技术的产生与发展,包装进入了同步发展时期。包装的出现距今至少有 5 000 年了,大致可以分为以下几个阶段。

(1)包装萌芽阶段。包装萌芽于原始社会的旧石器时代。当时人类的生产力十分低下,仅靠双手和简单的工具采集野生植物、捕鱼狩猎以维持生存。人类从对自然界的长期观察中受到启迪,学会使用植物茎条进行捆扎;学会使用植物叶、果壳、兽皮、动物膀胱、贝壳及龟壳等物品来盛装、转移食物和饮水。当时的包装停留在使用几乎没有技术加工的动、植物的某一部分,虽然还称不上是真正的包装,但从包装的含义来看,已是萌芽状态的包装了。

(2)古代包装。包装的产生和发展是与人类的发展密切相关联的。随着产品囤积的出现,就出现了商品交换。随之就出现了商人，出现了商人，也就出现了在买卖商品时商品的携带问题，即商品的包装开始被重视起来。这个时期，包装的材料来自于自然界，经历了从截竹凿木、模仿葫芦等自然物的造型到用植物茎条编成篮、筐、篓和席，用麻、畜毛等天然纤维黏结成绳或织成袋、兜等用于包装。到了殷商时期，一些人造的材料，如陶器、玻璃容器和青铜器相继出现，直到纸的发明，纸作为包装材料，使得古代包装有了里程碑式的发展。如有名的刘家针线的包装，唐代出现的纸囊茶叶包装，这些都是较早的纸质包装。这个时期的包装技术也有了一些起步，已经开始采用透明、遮光、透气、密封和防潮、防腐、防虫、防震等技术。与此同时，也开始出现了一些便于封启、携带、搬运的包装形式。这个时期的包装装潢设计也开始萌芽，已经开始将对称、均衡、统一、变化等形式美的规律运用在设计中，并采用了镂空、镶嵌、堆雕、染色、涂漆等装饰工艺，制成极具民族风格的多彩多姿的包装容器，使包装不但具有容纳、保护产品的实用功能，还开始向着美化商品方面发展。

（3）近现代包装。从16世纪末开始，包装进入到近现代时期。这是随着人类文明的发展而发展起来的。这个时期，西欧、北美国家先后从封建社会过渡到资本主义社会，社会生产力和商品经济都得到较快的发展。自18世纪中期到19世纪晚期，西方国家经历了两次工业革命，先后出现了蒸汽机、内燃机，电力的广泛使用使人类的社会生产力成倍增长。此时，人类文明的进步和科技的发展，促使大量产品被生产出来，大量产品的生产又导致商业的迅速发展，商品买卖更加频繁。同时，科技发展促使交通工具也有了飞速的发展。轮船、火车及汽车的发明使交通发展到海、陆路大规模的运输。大量的产品，需要通过各种交通工具运往各地进行销售，于是商品包装得到了前所未有的关注。因此，这一时期的包装进入了快速发展的时期。16世纪中叶，欧洲已普遍使用了锥形软木塞密封包装瓶口。18世纪产业革命以后，随着商品的大量出现和科技的不断发展，包装产业开始出现，并发明了纸板制作工艺，出现纸制容器；1793年西欧国家开始在酒瓶上贴挂标签。同时，包装密封技术也随之发展，香槟酒问世时就是用软木塞封口。19世纪初发明了用玻璃瓶、金属罐保存食品的方法，从而产生了食品罐头工业。1817年英国药商行业规定对有毒物品的包装要有便于识别的印刷标签。1856年又发明了加软木垫的螺纹盖，随后，1892年出现了冲压密封的王冠盖，使密封技术更简捷可靠。20世纪初，特别是1903年，由于全球经济衰退，产品销售乏力，厂商开始注重包装设计，加强包装的宣传作用。从这个时期开始，各个厂家不仅注重产品的造型和色彩审美，同时还开始更多地研究包装装潢设计。随着印刷业、制造业等各种工业技术的发展，包装业的发展开始具备更多的物质技术支持。包装开始进入高速发展时期。20世纪60—70年代，随着包装技能和包装材料的不断演进，包装显示出了它促进销售的重要媒体作用。同时包装工艺和技术也得到了大的发展，相继出现了微波加热餐包装、无菌包装、脱氧剂包装和拉环不分开的铁、铝易开盖包装等包装形式。20世纪80年代，回收再利用概念应运而生，日本开始提倡轻薄短小的设计理念，降低成本和提高使用便利性成为包装设计的新目标。同时包装技术也有了大的改进和创新，如包装机器人的出现、杀菌包装技术、气调包装技术的运用。20世纪90年代开始，随着环保意识不断加强，不破坏生态环境的包装设计意识开始兴起，"绿色包装""可回收包装"成为包装设计新导向，如针对食品开始追求原始、自然、健康的环保型包装。到了21世纪，"全球化环保原则、人性化原则、简单原则、艺术性原则相结合"对包装设计者提出了更高的要求。

第2章 包装容器设计

2.1 包装容器概述

从广义上而言,包装容器是用于商品包装和限制被包装物的固体容器,它可以分为纸质包装容器和其他材质包装容器。本章所介绍的主要是纸质包装容器之外的其他材料包装容器。包装容器设计对商品包装的影响非常大。包装容器的结构决定着包装的保护功能和便利功能,是包装设计非常重要的环节。

包装容器的形式非常丰富,根据不同材料的加工工艺,包装容器可以实现多样化结构。为了有更明晰的认识,我们可以对包装容器进行不同角度的分类。

按质地不同,包装容器一般可分为两类:一是硬质包装容器,这类包装容器形成后硬度大,不易变形,化学物质稳定性好。硬质包装容器的形式主要有碗、杯、瓶、罐、盒和筒等,它们被大量用在酒、饮料、医药及化工等液态、粉状等商品的包装中。二是软质包装容器,软质包装容器主要是用软塑、塑膜、塑纸料、复合膜、吸塑及纺织等柔韧性比较好的材料制成的。软质包装容器的形式主要有包装袋,软管等。它们被大量用在固体及流动性差的商品的包装中。

按外部形状的特征(见图2-1),包装容器一般分为以下几种:①瓶类,包括细口瓶、广口瓶、带把瓶等;②钵类,如杯、碗等;③筒类,如筒、软管等;④袋类,如纸袋、塑料袋和皮套等。

图2-1 不同形状的包装容器

按包装容器的造型特征不同,我们可以将包装容器划分为以下几种:①几何学形态,即具有数理规则的形态,如正方形、正三角形;②抽象形,即非数理的不规则形态,如水纹、云纹等形态;③仿生形,即模仿植物、动物、昆虫的形态;④象征形,即蕴含着特定意义的图形,如采用星座、太极及天圆地方学说构造的图形等;⑤卡通形态等。

2.2 包装容器的材料

包装材料是商品包装的物质基础,因此,了解和掌握各种包装材料的规格、性能和用途是很重要的,也是设计好包装的重要一环。制作包装容器材料因包装物不同,材料种类也就不同,如有纸类、木材、塑料、金属、玻璃、陶瓷、纤维及炭合材料等类型的包装材料。

2.2.1 塑料

1.塑料的优良特性

塑料是包装容器中使用量最大的材料之一,这与塑料以下优良的性能是分不开的。

(1)易于加工成型。塑料通过加热、加压即可塑制成各种形状的制品,如薄膜、板材、片材和纤维等。

(2)塑料具有良好的透明性和着色性。包装容器可从透明、半透明到不透明,也可任意着色、喷漆和电镀,这就使得包装容器的外观色彩鲜艳,又可以似珠宝、金属、大理石、木材等丰富多样。

(3)塑料密度低,强度高。一般塑料的密度在 $0.9 \sim 2.3 \ g/cm^3$ 之间,只有钢铁的 $1/8 \sim 1/4$,铝的 $1/2$。泡沫塑料则更轻,它的密度在 $0.01 \sim 0.5 \ g/cm^3$ 之间。单位质量塑料的包装体积或面积较大,这就使得包装容器自身的重量很轻,大大降低了消费者携带的负担。

(4)塑料耐化学腐蚀性、耐磨性好。一般塑料对酸、碱等化学药品均有良好的耐腐蚀能力,大多数塑料具有优良的减摩或耐磨性,这使得塑料包装容器可以适用于各类商品的包装。

(5)塑料具有良好的机械强度。单位质量的塑料制品强度性能高,耐冲击性好,易改性。

(6)塑料电绝缘性能优异。几乎所有的塑料都具有优异的电绝缘性能,如极小的介电损耗和优良的耐电弧。

2.塑料包装容器的形态

塑料的加工工艺成熟而多样化,使塑料适宜加工成各种形态的包装容器。尽管随着环保的呼声越来越高,塑料产品受到越来越多的指责,但由于塑料制品原材料来源广泛、成本低廉及成型容易等诸多优点,在包装行业中,塑料仍是使用最多的一种包装材料。

最常见的包装容器形态有以下 7 种。

(1)塑料箱、塑料盒。箱类主要指形体较大、深度较大的包装容器。塑料箱主要采用热塑性塑料如聚丙烯、高密度聚乙烯等加工而成,而包装盒主要采用聚乙烯、聚苯乙烯、ABS 和脲醛塑料等加工而成,它们主要采用注射成型和模压成型制得。

(2)塑料瓶。它可采用聚乙烯、聚丙烯、聚氯乙稀、聚苯乙烯等多种热塑性塑料加工制成,塑料瓶可采用中空吹塑和注射成型工艺制得。

　　(3)大型塑料桶、塑料罐。它主要采用高密度聚乙烯、超高分子量聚乙烯等加工而成,其成型采用挤出吹塑和旋转成型等。

　　(4)半壳状塑料容器。它是以塑料片材如聚氯乙稀、双向拉伸聚苯乙烯、发泡聚苯乙烯、聚乙烯、ABS 等为原料,通过热成型方法加工而形成的杯、盒、碗、盘以及其他半壳状容器。

　　(5)软管。这种形态多采用低密度聚乙烯或复合材料用挤出法成型制成。

　　(6)塑料集装箱、托盘。这种形态多采用超高分子量聚乙烯和增强塑料用注射成型和模压成型制成。

　　(7)盘类。盘类容器是指深度很小的包装容器。盘类容器常用高密度聚乙烯、聚苯乙烯、ABS 等热塑性塑料和脲醛塑料(热固性塑料)等制造。

　　3.包装中常用的塑料材料

　　塑料是一类材料的统称,根据材料化学成分的不同,塑料又可以细分成多种,其中在包装中常用的塑料材料有以下几种。

　　(1)聚氯乙烯(PVC)。它的优点是抗冲击强度好、透明性好、透气率低、与大多数有机溶剂及油的化学相容性好、价格便宜;缺点是透湿率较高、耐热性较差、有一定毒性。它一般适合包装香波、冷烫精等易氧化的化妆品及含油类的家用清洁剂(如打火机油等)。

　　(2)低密度聚乙烯(LDPE)。它的优点是柔韧性好、无嗅无味、薄壁容器透明性好、透水率低;缺点是透气率高、耐热性差、厚壁容器透明性差、耐油性差、印刷性能较差。一般在包装中用于加工成吹塑瓶、软管、瓶盖及瓶塞等。

　　(3)高密度聚乙烯(HDPE)。它的优点是刚度高、强度好、阻隔性好、透水率低、耐热性好;缺点是透气率高、透明性差、化学相容性差、表面光洁度低、印刷性能差。一般在包装中用于加工成大型塑料桶、集装箱、托盘、商品周转箱、瓶盖和瓶塞等。

　　(4)聚丙烯(PP)。它的优点是阻隔性好、透水率低、具有良好的耐强酸强碱性、与大多数化学溶剂相容性好、耐油、回弹性高、超薄壁时具有极佳的耐折性;缺点在于密度低、透明性差、印刷性能差。一般在包装中用于加工成螺纹瓶盖、带铰链容器、瓶塞等。另外,PP 的热封性能较好,常制成薄膜或与其他薄膜复合后使用。

　　(5)聚苯乙烯(PS)。它的优点是透明度好、刚性大、表面光洁度高、无嗅无味、耐酸碱及低浓度醇、着色性好、易加工成型;缺点是脆性大、硬度较低、阻气性差、强光下易退色、易带静电。一般在包装中用于加工成食品包装盒、瓶等。另外,韧化 PS 可以制做浅盘,发泡 PS 常用来制成缓冲隔衬、快餐包装等。

　　(6)丙烯腈－丁二烯－苯乙烯(ABS)。它的优点在于硬度高、刚性大、坚韧耐磨、耐酸碱、耐油,本色为象牙色,有光泽、着色性好,易加工成型及表面处理、印刷性能好;缺点是不透明、不耐强酸、与某些化学溶剂相容性差、价格高。考虑到价格因素,一般它在包装中用于加工成小型零部件,如瓶盖等。

　　(7)聚酰胺(PA)。它的优点是强度高、韧性好、耐磨、阻气性好、温度适应性好、耐油及大多数化学溶剂;缺点是吸水性强、透湿率大、耐酸性差、价格较高。一般在包装中主要用于农药、化学溶剂等化工产品的包装。

　　(8)聚酯(PET)。它的优点是透明度高、强度大、韧性好、耐酸碱、耐油及大多数化学溶剂、易加工成型;缺点是耐热性差、透气率略高、价格略高。一般在包装中用于加工成各种包装瓶。考虑到 PET 的缺点,它不能包装易氧化变质的酒类。

(9)聚碳酸脂(PC)。它的优点是刚性大、硬度高、透明度极佳、光泽度高、耐冲击、温度适应性好、无嗅无味、耐油、印刷性能好;缺点是透气及透水率较高、性脆易开裂、耐酸碱性较差、与化学溶剂相容性差、价格高。一般在包装中用于加工成药品包装瓶、矿泉水、纯净水桶等。

(10)酚醛塑料(PF)。它的优点是刚性大、硬度高、尺寸稳定性好、耐稀酸稀碱及多种化学溶剂;缺点是多为黑色或棕色、不耐强酸强碱、加工成型性较差。一般在包装中用于加工成瓶盖。

(11)脲醛塑料(UF)。它的优点是硬度较高、光泽度好、着色性好、尺寸稳定性好、耐油及各种化学溶剂、呈半透明;缺点是耐酸碱较差、加工成型性较差、价格高。一般在包装中用于加工成化妆品容器及瓶盖。如图 2-2 所示是一些塑料包装容器。

图 2-2 塑料包装容器

2.2.2 金属

金属类具有牢固、抗压、不碎、不透气及防潮等性能,因此,金属包装为保护商品提供了良好条件。

1.包装中常用的金属材料

常用于包装的金属材料有如下几种。

(1)马口铁。它是镀锌的铁皮,在完好的保护层下,金属光泽持久不变,又耐生锈。由于它自身的牢固以及便于印刷等优点,常用于加工成高级饼干、咖啡、茶叶、巧克力和奶粉等的包装盒和喷雾罐。

(2)铝。铝具有延展性大、密度小、不会产生锈蚀、光亮度持久不变、可以直接印刷等优点,可用于制成喷雾罐、金属软管、金属罐、盘、杯、盖等。

(3)金属复合材料。一般有镀锌薄钢板(白铁皮)、镀锡薄钢板(马口铁皮)、热轧薄钢板(黑铁皮)、无锡薄钢板(冷轧钢板)和合金铝薄板,这些材料可以加工成金属罐。

2.金属包装容器的特点

金属包装容器具有一些独特的特点,它对内装物具有良好的保护性能,例如,经装潢印刷后具有美丽的外观,可以采用挠性金属、通过挤压成各种形状;金属软管内壁涂布通过选用不同的涂料,可以包装多种商品;金属软包装质量轻、携带容易、使用方便,挤出内装物后无"回叫"现象,使管内物品不易污染。从实用角度讲,金属包装容器可用于包装日用化妆品类产品、医药品和各类食品。如图 2 - 3 所示是一些金属包装容器。

图 2 - 3　金属包装容器

2.2.3　玻璃

玻璃是一种比较古老的包装材料。它具有化学性能稳定、耐酸、无毒、无味、生产成本较低等优点。可制成各种形状和颜色透明、半透明和不透明的容器,同时也可以给玻璃上色。玻璃易于加工。一般玻璃多用于膏体、液体一类产品的容器。如大口瓶多用于果酱类商品,小口瓶多用于装高级饮料,酒类,医药用的各种针剂、片剂和药类等。但玻璃存在质量重,易碎的缺点。如图 2 - 4 所示是一些玻璃包装容器。

图 2-4　玻璃包装容器

2.2.4　陶瓷

陶瓷制品是我国传统的包装容器。陶瓷有很好的储存保护功能。常用的有陶缸、瓷坛等。瓷坛适用于装酒、泡菜和酱菜等商品,也存在着易碎的缺点。如图 2-5 所示是陶瓷包装容器。

图 2-5　陶瓷包装容器

2.3　包装容器造型设计步骤

设计步骤是为了使设计工作能按一定的规律和顺序科学合理进行而总结出来的。了解设计的规律和步骤,是进行设计的重要前提。

1.市场和消费对象定位

了解和确定产品销售地区、销售对象的层面,了解各地区市场同类产品的品质,包装造型的特点个性,消费者的审美趣味及消费心理、消费习惯、风度,并以此作为造型设计定位的参考。

2.产品定位

包装设计之初一定要先了解产品的特性、功能和使用方法,以及商品的档次定位,其中包括商品本身的价格档次和包装允许的成本价格。在了解这些的基础上考虑使用什么样的材料和形态结构,更好地体现包装的功能。

3.材料工艺定位

确定使用什么样的材料和考虑可能的加工工艺,这样可以帮助我们确保所设计的造型有一定的实用价值。

4.造型风格定位

形式是信息和情感传达的载体,美感必须通过某种形式去体现。设计若不能激发消费欲望,不能给人以美感,就不能有很好的视觉冲击力,就会降低知觉度、兴趣度、注意度,更不能使人产生购买欲望。风格形式决定了包装造型给人的感觉特征,通常的包装设计风格包括典型传统风格、民族风格、时尚风格、现代夸张风格以及变形装饰风格等。通常,风格定位对产品的销售会起到很大的影响。

5.造型构思草图

构思草图也称方案草图,是一种横向设计思考,即从各种不同的方位、角度尽自己最大的可能设想和创造形态,并用草图记录下来。草图基本按比例绘制,不必非常严密。

6.基本尺寸和容量定位

在设计草图的基础上,对各个部位进行尺寸确定。相同容量的产品可设计成不同的造型,不同容量的产品包装造型的变化尺度更大,同一容量因长、宽、高基本尺度改变可以产生瘦高型、适中型和矮胖型等不同的基本形态。包装容器的容积,可以通过叠加法计算出来。这种方法是将复杂的几何体进行分解,分解成若干个标准几何体,分别计算每个标准几何体的体积,再将各个几何体的体积相加,即可得出这个容器的容积。常见几何体的体积计算公式见表 2-1。

表 2-1　常用几何体体积公式

几何体	公　式	说　明
柱体	$V = Sh$	S 是底面积,h 是高
圆柱	$V = \pi r^2 h$	r 代表底圆半径,h 代表圆柱体的高
棱柱	$V = Sh$	S 是底面积,h 是高

续表

几何体	公 式	说 明
长方体	$V = abc$	a、b、c 分别表示长方体的长、宽、高
正方体	$V = a^3$	a 表示正方体的棱长
锥体	$V = \dfrac{1}{3}Sh$	S 是底面积，h 是高
圆锥体	$V = \dfrac{1}{3}Sh$	S 是底面积，h 是高
台体	$V = \dfrac{1}{3}[S_1 + \sqrt{S_1 \times S_2} + S_2]h$	S_1 为上底面积，S_2 为下底面积，h 为圆台体高
球体	$V = \dfrac{4}{3}\pi r^3$	r 为球体半径
椭球体	$V = \dfrac{4}{3}\pi abc$	a，b，c 分别为球体在三个方向上的半径

7.包装造型设计草图

这是在对多个构思草图进行筛选后完成的,对构思草图进行纵向构思和修改,设计草图必须严格按比例进行,对多个草图进行比较筛选后确定 1～2 个方案,按比例画出较正规的三视图草图。

8.草模制作

依照三视图制作草模,将二维立体转换成三维实体。草模一般用泥巴、橡皮泥、石膏等制作。在制作时可以对草图进行修改。

9.正模制作

在修改过的草图基础上,严格按比例制作正模。

2.4 包装容器设计要点

包装造型的特点对于一个包装设计的成功与否起着非常重要的作用,这就要求我们不但要有优良的创意,还要有敏感的造型能力以及对包装尺寸准确把握的知识结构。

2.4.1 包装容器设计原则

在包装容器造型设计时,我们应该着重把握以下几项设计原则。

(1)注意容器造型整体简化。现代商品造型以简练的形体为特征,这一点不仅体现了现代审美的理性化,也便于容器批量制造。

(2)注意反平衡的特殊效果。平衡的原则作为造型设计的主流已经为大家所熟悉,反平衡造型则利用几何形的切割和重组改造出非对称的特殊效果,或者利用长短、高度、强弱造成增大反差达到新的平衡感。这样的包装容器更具有吸引力,但对材料和加工工艺要求比较高,会增加包装成本,因此这样的结构一般用于比较贵重的商品的包装。

(3)制造趣味性强的包装容器。所谓趣味性是指商品造型设计中需要着重加工的部分,强调在统一中追求局部变化,如以粗糙衬托精细,以直破曲,以方求圆,以不齐对应整齐等,出奇制胜才能增强形态的魅力。

(4)包装容器要善于陈列。包装在很大程度上要为销售服务,这就要求包装造型结构要适合在货架上陈列摆放,根据不同的商品进行不同的设计以便于堆叠,根据包装造型进行有序的排列,使商品陈列既整齐又美观。

(5)包装容器要具有人性化特点。包装容器要便于消费者携带和开启。在进行造型设计时,在很大程度上要从消费者的角度去考虑,因为我们对商品所作的一系列包装最终的目的是使商品尽可能完好地到达消费者手中。因此,设计中人性化的设计是必不可少的。

2.4.2　影响包装容器造型设计的因素

包装容器设计就是确定商品包装的方案。设计包装容器时要考虑的因素很多,包括容器自身的强度、刚度、稳定性、独特性和使用性。还要从市场角度、内容角度、时间角度、优势角度、消费者心理角度、销售目标等多角度出发来设计包装容器。不论从哪个角度出发,包装容器设计时都必须先充分考虑三个主要要素,它们分别是商品自身因素、包装材料的生物化学因素以及商品的销售使用环节。

(1)商品自身因素。包装容器的造型首先受制于包装商品自身的特性,包括商品的属性、形态、用途和消费对象。此外,还要关注市场上同类商品的包装造型的情况。商品的形态主要有液体、流质、固体、粉末和颗粒等,其特性有的怕压、有的怕碎、有的怕水、有的怕高温等各不相同,包装容器的造型要依据商品的上述因素综合考虑。半流质的商品如颜料、牙膏、鞋油等适于用管装,而洗发膏、果酱等又适于用大口瓶来装。香水和各类酒类的包装造型考虑到它们的使用环境,要优美、端庄、大方。食品类包装容器密封性要好,要易于开合,要实用、方便携带与存放等。从商品的使用情况来看,有的商品可以多次使用,有的是一次性的,有的要长期使用,有的短期使用,对于长期使用的,包装容器再次封合的密闭性要好,以保证产品质量。

(2)包装材料。不同材料的化学稳定性不同,加工工艺不同,在进行包装容器造型设计时,要把材料的这些属性和商品自身的要素结合起来综合考虑。例如,食品的包装,要选择化学稳定性好的无毒无害的材料。化工类商品的包装,在选择包装材料时要考虑商品化学成分与商品的化学成分的相容性。针对一些商品的包装,如果可以选择的材料比较多,就要结合商品的价格及材料的加工工艺,选择更适合的材料。比如对中低档商品,从适度包装的角度出发,可以选择加工工艺相对简单的材料,以节约包装费用。对高档商品,比如礼品的包装,可以选择比较好、工艺复杂、成形效果突出的材料,以提升商品的附加价值。这就要求我们在进行包装设计时,要对用于包装的材料有比较全面的了解。

(3)商品销售使用环节。对商品进行包装容器设计时,要充分考虑商品销售和使用的具体情况。例如,包装容器的容量要与消费者的使用情况密切相关。像药品的包装容器容积要以一个疗程的药量为基础。此外,商品在销售环节中,要长期陈列,在进行容器造型设计时,要考虑它摆放时的稳定性,一般包装容器的重心要低,从外形上来看,要上面大下面小;也可以在充分了解商品销售方式的基础上,在容器造型上设计相应的陈列结构,比如打孔穿绳结构、挂钩结构等。

2.4.3　包装容器的人性化设计

关于包装容器的人性化设计,这里我们重点来分析一下。通过实践会发现,消费者以手与包装接触,手对包装容器的动作主要有以下几种。

(1)握持动作。包括携带、摇动等。

(2)支持动作。包括拿起、放下等。

(3)开合动作。为了让包装实现人性化,因此我们很有必要来研究一下人手的结构,以及人手与包装接触时的各个环节中的一些影响因素。在图2-6中,我们总结了这些关键信息。

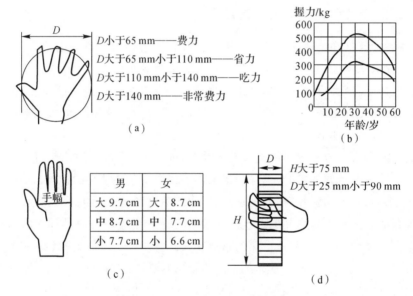

图2-6　人手结构与包装设计

(a)瓶盖与手的尺寸;(b)手握力与年龄;(c)成年男女手幅尺寸;(d)容器的最佳直径及高度尺寸

由图2-6我们可以看到,衡量人手尺寸的关键因素是手幅,这个尺寸也是在我们进行包装容器结构设计时重要的参考因素。

首先,图2-6(c)图表中,依据性别,将成年人的手划分为大、中、小三类。从表中的数据我们可以看出,由于性别、年龄的差异,人手的尺寸是有明显的区别的。在进行包装容器造型设计时,我们要对商品的目标消费群有清晰的认识,以此为参考,完成后续包装容器一些细节处尺寸的确定。

其次,我们来分析一下,人在与包装容器接触时,不同的接触方式会影响包装容器哪些部位的结构和尺寸。第一,图2-6(a)体现的是瓶盖直径尺寸与手尺寸的关系。开启包装容器是消费者接触包装容器最常见的方式。开启时以螺旋封口结构最为便利,那么在旋拧时手的费力程度与包装容器口部的直径密切相关。从图中可以看出,当瓶盖直径小于65 mm时,旋拧就开始费力了;当直径在 65～110 mm 之间时,是最省力的;当直径大于 110 mm 小于 140 mm时,就开始处于吃力状态了;当直径超过 140 mm 时,就很难靠手来拧开瓶盖。这时就需要考虑其他的瓶口密封方式。第二,图 2-6(b)体现的是人的年龄与人手握力的关系。图 2-6(b)中,横坐标代表年龄,纵坐标代表握力,由图 2-6(b)中曲线的形状可以看出,随着人年龄的增长,人手的握力是先增后降,呈抛物线形状。图 2-6(b)中上面一条线反映的是男性,下面一条线反映的是女性。这也就告诉我们,在确定包装容器容积时,要充分了解目标消费群性别和年龄的相关信息,设计更合理的包装容器。第三,图 2-6(d)反映了人手的尺寸与容器手握部分的直径及高度的关系。当人手握并携带包装容器时,手握部分的截面最佳直径尺寸在 25～90 mm 之间,高度要大于 75 mm,具体数值可以结合消费者的年龄和性别来确定。相信这样的人性化设计可以给消费者带来非常舒适的使用体验。

2.5　包装容器造型设计方法

　　包装容器的形态很多,在这些结构形态中,有些形态的结构变化不多,比如之前提到的软管类、桶类、钵类、罐类及盆类等。而有些形态的结构变化丰富多样,比如前面提到的瓶类。而且,从实际应用来看,包装瓶的应用是最广泛的。因此,在这里,我们重点来介绍包装瓶的造型设计。

　　一般而言,我们可以把包装瓶从上到下划分为口、盖、颈、肩、胸、腹、足和底等八个部分,在此基础上,有的瓶还有耳、环、纽及柄等结构;如果是壶式瓶,还有嗉。包装瓶的这八个部位,任何一个形线的变化都会使造型产生变化。要设计既实用又有造型美的瓶形,必须掌握这八个部位线形和面形的变化方法。以下我们分别对瓶子的这八个部位设计,来介绍包装瓶的造型设计方法。

2.5.1　瓶盖造型设计

　　在研究设计瓶形时,有些人常常将瓶盖排除在外或脱离瓶形单独考虑,这是错误的。瓶盖是瓶形整体造型的一个重要部分,有时它直接影响到瓶形的感觉。相同的瓶身盖上不同的瓶盖,其造型完全不同。

　　瓶盖是和瓶口相连接的部位,设计时必须与瓶形整体造型一起考虑。设计瓶口、瓶颈时,同时考虑瓶盖造型,设计瓶盖时则更要考虑瓶口大小、瓶颈长短、与整体瓶形的协调性和创造个性,同时还要考虑到内装产品的商品特性要求、消费使用方式、密封度、保护功能、开启的方便性、安全性等。对内装液态、粉末态、颗粒状态及有内压的产品(啤酒、汽水等),其盖的设计要求是不同的,不能单从造型角度考虑。瓶盖造型形线变化主要体现在以下三个部位,如图 2-7 所示。

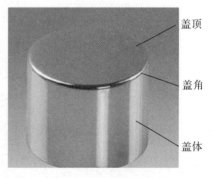

盖顶

盖角

盖体

图 2-7　瓶盖结构

（1）盖顶线、面的变化。盖顶有平盖顶、凹盖顶、凸盖顶、立体盖顶、斜盖顶、易拉盖顶、推拉铰链盖顶等多种。

（2）盖角线、面的变化。盖角指盖面和盖体的交接过渡部位，虽然面积很小，但它的变化对盖形在视觉上同样会产生一定的影响。这个部位主要是转角的平直和弧度大小，也可由盖体轮纹延伸到盖角。

（3）盖体线、面的变化。盖体是盖造型的主要视觉部位，其尺度、线形曲直的改变，直接影响盖的造型和瓶形整体线形的变化。

瓶盖按高度主要分四种：口盖、颈盖、肩盖和异形盖。

（1）口盖。口盖是最短的一种盖形，指高度刚好将瓶口和螺纹遮住的瓶盖，包括一般的王冠盖、易开盖、金属安全盖、螺旋盖、轮纹塑料塞盖等，如图2-8所示是最常用的盖形。口盖因盖体较短，其线面的变化范围不可能很大，其造型变化除盖顶、盖角可参考前面盖顶、盖角的方法外，盖体主要采用台阶形、梯形、轮纹形、角面形或非圆形的几何形截面造型。这种造型必须与瓶形配套协调，例如三角形瓶盖与三角形瓶形配套。

图 2-8　口盖

（2）颈盖。颈盖是指盖体高度将瓶颈大部或全部遮盖住的瓶盖，从视觉上看瓶盖较高，其盖体可变化的范围比口盖要大，瓶盖造型对瓶形的影响也大，方法基本与口盖相同（见图2-9）。

（3）肩盖。指盖体一直延伸到瓶体的肩部，将整个瓶颈全部遮盖住的瓶盖，如图2-10所示。这种瓶盖使整个瓶体造型显得更加简洁大方，对瓶形常常起到关键的视觉影响作用。这类盖主要靠内塞密封，肩盖主要起整体造型作用，有些产品（如酒类）将肩盖作为一种套盖，取下可作酒杯使用。肩盖因其盖体较高、面积较大，在设计时必须更注重将其作为瓶形整体造型设计。

图 2-9　颈盖

图 2-10　肩盖

(4)异形盖。统指截面为非圆形和带有其他添加立体形态的瓶盖,如图 2-11 所示。异形盖多数用于高档酒类和中高档化妆品的容器造型,像酒类和化妆品中使用的多面立体异形玻璃塞盖。各种异形瓶的瓶盖造型变化多样,主要起到造型装饰作用,或特殊功能需要。这类盖形的设计大多采用与瓶体造型相同或相近的线形,有些是将瓶体倒置缩小或略作变化,使盖和瓶形式产生良好的协调感。

需要注意的是盖和瓶体的尺度比例关系,异形盖的立体造型过大会显头重脚轻,过小则小头小脑不大方,都会缺乏整体协调美感。

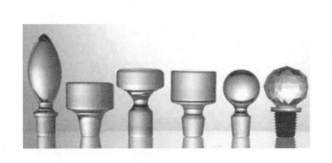

图 2-11　异形盖

2.5.2　瓶口造型设计

由于涉及密封和消费使用,一般说瓶口造型不作很大的变化。因为对于某些产品,其瓶口与瓶盖螺纹关系及尺寸是不变的或采取标准化生产的,因此瓶口造型首先取决于设计定位采用何种封口方式。有些产品既可采用细口瓶形,也可采用广口瓶形,则粗和细的变化会对瓶形视觉产生较大的影响。此外,瓶口螺纹的高低和同时考虑瓶盖的造型也会对瓶形产生造型上的变化。绝大部分瓶口均被瓶盖遮住(内塞盖除外),故瓶口必须和瓶盖一体化进行设计。

包装瓶的瓶口是玻璃包装瓶的关键部位,设计时应与密封形式相适应。目前市场中常用的瓶口的结构形式有冠形封口、螺纹口、磨口和圆柱形口等,具体密封形式如图 2-12 所示。

(1)冠形封口:冠形封口是细口瓶最常用的一种封口形式,多用于啤酒、汽水等饮料瓶的封口。冠形封口现已标准化、系列化,冠形封口的瓶口结构以及皇冠盖的结构均有其标准形式。

(2)螺旋封口:螺旋封口是通过预制在瓶口与瓶盖上的螺纹相互咬合实现封口的。螺旋封口结构现在也已形成标准。应当说明的是,瓶口螺纹常常制作成断开的形式,且断开位置一般位于分型线处。

(3)塞封:塞封是在瓶口内部制作一段正圆柱面,然后在此圆柱面内塞入用软木或塑料等有弹性的材料制成的塞盖来实现封口的。

(4)真空封口:真空封口有两种形式:凸耳盖封口和轧盖封口。这种封口形式常用于罐头的封口。由于加盖时被包装物通常是处于高温状态,所以在封盖后容器内部因温度降低而形成负压,从而使瓶口与盖紧密地结合在一起。

(5)磨塞封口:这种形式有点像塞封,其瓶体和瓶盖都是用玻璃制作的。将瓶盖与瓶口互相研磨,使盖与瓶口的配合表面形成一个紧密配合的结合面而起到密封作用。磨塞又分为外磨口和内磨口两种。

图 2-12　各种封口形式

2.5.3　瓶颈造型设计

从造型上,瓶颈上接瓶口下接瓶肩,故瓶颈的形线可分为三部分:口颈线、颈中线和颈肩线,这三部分组成瓶颈造型的基本线,其形面也随线形的变化而变化。瓶颈的形线变化及其造型取决于对瓶形总体的造型构思,可分无颈型、短颈型和长颈型。无颈型一般由颈口直接连肩线,无颈就是这种瓶型的主要造型特点。短颈型只有一个较短的颈部,其颈口线、颈中线、颈肩线很短,甚至不分,所以其形线变化一般较简单,常采用直线、凸弧线或凹弧线几种,也有在短颈部设计成一较明显的环片凸起,起到用手指夹住、提起时防滑落的功能。长颈型则颈线较长,可以明显进行颈口线、颈中线和颈肩线的造型变化,这种变化会使瓶形产生新的形态感觉。其造型的基本原理和方法同样是采用对颈部各部位的尺寸、角度、曲率进行加减对比,这种对比不但是颈部自身的对比,同时必须照顾到与瓶形整体线形的对比关系和协调关系。对于需贴颈标的瓶形则造型上需注意瓶颈的形状和长短符合贴颈标的要求。如图 2-13 所示呈现了无颈瓶、短颈瓶和长颈瓶。

图 2-13　各种瓶颈的包装瓶

2.5.4　瓶肩造型设计

瓶肩上接瓶颈下接瓶胸,是瓶形线面变化的重要部位,这种造型法同样是在保持口、颈、胸、腹、足、底基本形不变的情况下,只改变瓶肩塑造新的瓶形。

瓶肩造型中可将肩线分成肩颈线、肩中线和肩胸线三部分,肩颈线设计时必须考虑肩和颈连接的过渡关系,肩胸线则主要考虑肩和胸的过渡协调关系。一般而言,颈线的角度变化不大,而肩线是瓶形中角度变化最大的线形,所以它对瓶造型变化的影响很大。

肩线通常可分"平肩形""抛肩形""斜肩形""美人肩形""阶梯肩形"几种。各种肩形又可通过肩的长短、角度及曲直线型的变化产生很多不同的肩部造型,不同的肩形和不同的肩线具有不同的个性,这与人的肩形和所穿服装的肩部造型一样。"平肩"是肩部接近水平,它具有西服一样的挺拔潇洒充满精神朝气。"抛肩"就相当于现代妇女抛肩服装,使身材修长又充满活力的感觉。"斜肩"则如一般无垫肩服装,具有自然洒脱感。"美人肩"则具有古典妇女线形柔和苗条感,是介于斜肩和抛肩之间的一种肩形。"阶梯肩"是肩部有一个以上的环型台阶,就如肩部挂的项链,起到增加凹凸装饰线形的感觉,例如茅台酒瓶形。如图 2-14 所示是一组不同瓶肩的瓶子。

图 2-14　不同瓶肩的瓶子

续图 2-14　不同瓶肩的瓶子

在肩部造型中,同样的肩形采用在直线平面和直线曲面或曲线曲面等不同造型的瓶身时,其造型感觉也完全不同,如果是非圆形瓶身,则具有两对以上不同方向的肩线和肩面,其肩形平斜和曲直的变化则能创造更多的造型。

2.5.5　胸、腹造型设计

胸、腹是瓶形包装容器中的两个不同造型部位,由于胸、腹是瓶子的主要部位,对大多数瓶形来说这两个部位的形线常常紧密联系在一起,而且形线的变化更加直接相关,所以造型时既可分开考虑也可合并考虑。这两部分合起来称为瓶体。

胸腹上接肩线下接足线,所以可分成胸肩线、胸腹线和腹足线三部分。其造型方法与肩颈相同,由于胸腹面积大,所以线形和面形变化更丰富。胸腹造型取决于两个关键因素:第一是线,即轮廓线形,是指从正视图和侧视图所观察到的瓶体部分轮廓线的形状;第二是面,即组成瓶体部分的面的形状,一般包括平面和曲面两种。以下就以这两个点为参数,介绍一下瓶体部分造型设计的方法。

(1)直线单曲面造型。这是最普通常见的瓶体造型。直线是指组成该瓶子瓶体部分的轮廓线,其侧视图和正视图的轮廓线都为直线;单曲面是指组成该瓶子瓶体部分的面,是一个连续的完整曲面,如图 2-15所示。这类瓶子的最典型代表就是圆柱形瓶子。设计这类瓶子的造型时,我们可以通过以下方法来改变其外形。首先,改变两边轮廓线的相对关系,从传统的两条平行线,改变成有一定夹角的线,这样,瓶子就从圆柱体瓶子变成圆台体瓶子,如图 2-16所示的一组瓶子的瓶体的变化。其次,我们可以改变两侧轮廓线的夹角角度,随着角度逐渐变小,瓶体可以从圆台体逐渐过渡到圆锥体。最后,我们还可以改变瓶体轮廓线的长度比例关系,使瓶体从正梯形单曲面转变成侧梯形单曲面。

图 2-15　直线单曲面瓶子

图 2-16 瓶形造型的变化

(2)直线平面造型。"直线"指瓶体的正视图和侧视图轮廓线均为直线;"平面"指该造型的瓶子的瓶体是由多个平面围绕而成。这类瓶子最典型的代表就是各种方形、矩形瓶,如图 2-17所示。在设计这类瓶子的造型时,我们可以从以下角度入手:第一,可将相邻两个平面间的夹角进行调整,从最常见的 90°夹角,改成 60°、108°或 120°,这样瓶体的造型就从四棱柱体依次变成三棱柱体、五棱柱体或六棱柱体等,如图 2-18 所示。第二,将瓶体平行关系的轮廓线改为有一定夹角的直线,瓶体就会从棱柱体造型变成棱台体甚至棱锥形。第三,可以改变瓶体中相邻两个侧面过渡的方式,从原先的棱线过渡改成倒角过渡或圆弧过渡,就可以设计出平面圆角瓶形或平面倒角瓶形,如图 2-18 所示。

图 2-17 直线平面造型瓶

图 2-18 直线平面瓶造型变化

（3）曲线平面造型。"曲线"指瓶体主视图投影由不同长短和曲率的弧线组成；侧视图投影由直线组成。"平面"指组成该瓶体的主视面为平面。最有代表性的瓶子就是扁平的瓶子，如图2-19所示。这类瓶子具有明显的曲直对比感，造型丰富，视觉力度强大。这类瓶子的造型设计可以从以下两点入手：第一，改变主视图中曲线的曲率大小和不同曲率曲线的长度比例关系，就可以获得视觉上完全不同的此类瓶体；第二，可以改变主视图中轮廓线的弯曲方向，从而得到视觉差距明显的曲线平面瓶子，如图2-19所示就可以体现出来。

图 2-19 曲线平面瓶

（4）曲线曲面造型（双曲面）。"曲线"指瓶子的主视投影为曲线，侧视投影也为曲线；"曲面"指组成瓶体的面是由一个或多个曲面组成。这类瓶子的典型代表是球体的瓶子，如图2-20所示。设计这类瓶子时，可以从以下角度出发：第一，改变轮廓线形状，从最常见的正圆全对称曲线，改成其他弧度的对称曲线，使瓶子从球体变成不同程度的椭球体。第二，可以改变不同曲率弧线的高度比例关系，拉伸或压扁瓶体，形成造型变化多样的瓶子。第三，可以改变曲面的数量，由传统的一个曲面改成多个曲面围绕而成，从而形成视觉差异很大的瓶子，如图2-21所示。

图 2-20 曲线曲面瓶　　　　　图 2-21 曲线曲面瓶造型变化

（5）正、反曲线造型（S曲线）。这类瓶子的瓶体特征是，瓶体的正视图轮廓线是由一个以上的S形曲线组成。这类瓶子的典型代表就是葫芦形的瓶子，如图2-22所示。设计这类瓶子时，可以从以下三个角度出发：第一，可以改变瓶体中S线的个数，设计出复杂程度不同的此类瓶子;第二,可以调整 S 曲线中正反曲线的曲率对比关系;第三,可以改变 S 曲线中正曲线和反曲线的高度比例关系。如图 2-23 所示。

图 2-22　正反曲线瓶　　　　　　　　　　　图 2-23　正反曲线瓶造型变化

(6)折线造型。"折线"指瓶体的正视图和侧视图是两条以上直线组成的折线,如图2-24所示。设计这类瓶子时,可以从以下三个角度来设计:第一,可以改变折线之间的夹角,甚至可以将锐角改成钝角,使瓶子造型发生很大的变化;第二,可以改变折线段的高度比例关系;第三,可以改变折线段的个数,将两段改成三段等。这类瓶子造型对比度大,个性强烈,比例处理适当具有很强的形式感。

图 2-24　折线造型瓶

在瓶形的胸腹造型中特别要注意的是考虑瓶贴部位面积要合适,能平整而方便贴牢瓶贴。

2.5.6　瓶足造型设计

瓶足在造型中常被忽视,认为对形态没有什么影响,其实若进行认真推敲,结合瓶体,同样可以创造新的有特色的瓶形。

瓶足线上接胸腹线下接瓶底线,虽然瓶足线形变尺度不大,但仍有造型的余地,同样可以采用直线平面、曲线平面、曲线曲面、正曲、反曲,塑造新的造型。瓶子可以有瓶足,也可以没有瓶足,如图 2-21 所示。

2.5.7　瓶底造型设计

对瓶子而言,瓶底设计主要放在功能上。为了保证瓶子的耐用性,瓶底一般采用稍向内凹的形状,如图 2-25 所示。这样的设计主要从以下几点考虑:首先,内凹的瓶底可以保证包装瓶的稳定,而且可防止由于瓶底擦伤,而对瓶子使用带来影响。其次,内凹的瓶底,可以分散在灌装时内装物对瓶底的压力,从而提高瓶子的抗内压和抗水冲击的强度。特别是对玻璃瓶而言,这一点非常重要。

图 2-25　瓶底造型

以上就完成了瓶子八个部位的设计。

关于瓶子造型的设计,我们还要强调以下两点。

(1)这里只是对基本瓶体造型进行介绍,实际设计时我们可以将以上几种瓶体进行组合设计。如图 2-26 所示,酒瓶瓶体部分就是正反曲线造型和直线单曲面造型两种造型方法的结合。

(2)瓶子结构虽然被分为八个部位来一一介绍,在实际设计时八个部位之间不一定有严格的分界线,我们应该灵活处理。如图 2-26 所示,洗面奶包装瓶的颈部、肩部和瓶体部三者之间就没有明确的界线,完全可以作为一体来设计。

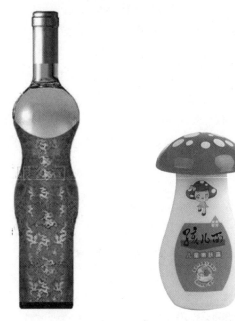

图 2 - 26   瓶子造型设计

2.5.8   瓶形的选择

包装瓶在包装中应用很广,可以适用于很多类型、各种形态的商品。在设计包装容器造型时,必须紧密结合产品的特性,特别是产品的物理性态。以下从这个角度来分析一下针对不同形态的商品,在瓶子造型设计时应该注意的问题。

(1)片状产品:例如医药制剂、方糖等。这类产品具有一定的几何形状和体积,在设计瓶子时,不宜采用过于扁平或多角的玻璃容器,以防产品被卡住而影响使用。通常可以采用圆柱形或方柱形广口瓶。

(2)膏状产品:如花生酱、巧克力酱和面霜等。这类产品的性状介于固体和液体之间,没有固定的形状且流动性很差。对这类产品的包装瓶不宜采用形状变化较大的容器,比如折线造型的瓶子,因为棱角处的商品不易取出;也不宜使用过小瓶口的瓶子,因为产品流动性差,倒出很不方便。通常可以采用圆柱形或椭圆柱形大口瓶,这样可以借用勺子等外界工具来取用。对于化妆品等日用品,应采用高度较小的大口瓶,保证手指可以触摸到,以方便取用。

(3)颗粒状产品:如固体饮料、速溶咖啡等。这类产品为体积很小的固体,对它们的包装瓶,首要关注的是瓶口的密封性,因为这类产品最怕反潮,又要经常开合瓶盖,所以广口螺旋盖瓶形最佳。

(4)粉末状产品:如奶粉、胡椒粉和爽身粉等。这类固体产品颗粒很小,很容易从细缝处泄漏,同时也怕反潮,所以对这类产品的包装瓶和颗粒类的要求一样,注重瓶口的密封性。此外,这类产品,由于其为粉末状,在取用方式上可以灵活一些,比如瓶口可以是螺旋盖,或是内盖扎小孔来取用,或在需要时应考虑在瓶盖上安排倒出机构。

(5)黏性液体:如蜂蜜、番茄酱等。这类产品流动性差,黏合力强。针对这类商品,一定要注重瓶口取用的方式,最常采用的是大口瓶,这样有利于借用外部工具取用,;或者在瓶子的瓶颈部设计一定斜度来导流,以便倒出。也可以考虑选择有韧性的瓶体材料,借助挤压取出内装物。

(6)易挥发液体:如香水、酒精和红酒等。这类产品的成份中有易于挥发的成分,对它们进行包装时,特别要注重密封性,通常采用细口瓶,或采用长颈瓶,来预防有效成分挥发,或者在瓶口设计时,考虑特殊的密封机构,如喷雾盖等异型盖。

(7)含气液体:如汽水、啤酒等碳酸类饮品。这类产品在包装时,密封性很重要,通常采用螺旋盖塑料瓶或皇冠盖玻璃瓶。

(8)普通液体:如白酒、矿泉水等。这类产品从形态上而言无特殊性。在设计包装瓶造型时,自由度很大,通常应考虑实用、方便和美观性。

2.6 形式美法则的运用

艺术造型的形式美法则,是人们长期实践经验的总结。在进行包装容器造型设计时,应当灵活运用这些法则,从而设计出形式美与实用性兼备的包装容器。

2.6.1 统一与变化

纷杂的变化会给视觉上带来刺激,但如果缺少"统一"对整体的掌握,就会显得零乱松散、力度不足;而过分单纯地只求统一,又不可避免会出现呆板单调、缺少生气。变化与统一的关系是既相互对立又相互依存的。因此,容器造型的变化与统一美应该是在统一中求变化,变化中求统一。

统一是指造型要具有一种统一的格调,以体现造型所蕴涵的理念。统一的作用是使造型有条理,趋于一致,有宁静、安定感。任何一个美的造型必须具有统一性。变化是指同一造型中各构成要素之间存在着差异。变化的作用是使造型具有动感,克服呆滞、沉闷感。

2.6.2 调和与对比

1.调和

调和是指多个构成要素存在较大差异时,通过其他构成要素进行过渡、连接,以产生协调、柔和的视觉效果。调和强调的是共性、一致性。

2.对比

对比是突出同一构成要素间的差异,使构成要素间出现明显的不同,以产生生动活泼的视觉效果。对比强调的是个性、差异性。对比可以从以下几个角度来体现。

(1)线型的对比。造型的线主要指外轮廓线。线的形状有很多,直线、大弧线、微弧线、大曲线、微曲线、长线、短线等,这些线决定造型的形态。不同形状的线之间所产生的对比关系就是造型的线型对比。

1)统一中求变化。如果一个造型全用一种形状的线型组合,那么这个造型绝对和谐统一而显得单调,但如果以这种线型为主,再选择另一种与之对比的线型为辅,这个造型在统一中因有了变化而变得生动。

2)变化中求统一。这种统一可以是线型之间相互渗透,如直线与曲线相间,也可以使外形相差较远的线型以有条理、有组织、有规律化的形式出现,这种造型可以以大弧线与大直线结合,但线形之间构成的一定内在规律,使其取得了统一性。

(2)体量对比。容器造型是有一定的体积的造型,所以我们还可以从容器造型立体体积的关系来研究造型的变化。体量就是指在造型有明确分界线的各部分的体积给人的分量感。体量对比就是各体积分量感的对比。我们可以从两方面来考虑。

1)相同形状的体量对比。相同形状如果等形又等量则绝对统一,但时常会显得乏味,这时如果体量之间产生大小对比,就能取得变化了。

2)对比形状的体量对比。对比形状的体量对比可以通过以下方法取得协调:①相异形之间互相渗透,让它们联系起来。②采用过渡法,即一个形朝另一个形慢慢地过渡。③相异形之间加大它们的体量比例对比程度,使小的部分衬托大的部分,从而大的部分给人感觉更突出,更有特点;反之,也可以在一定程度上使小的部分更细致、更精巧。造型的各个部分的体量有时是和功能的需要分不开的,我们一定要把各体量关系处理好,使造型具有整体和谐美。

(3)空间虚实对比。容器造型是立体的,它占有一定的空间。实空间就是容器实实在在占有的空间,虚空间就是实体以外的且围绕实体周围的又与实体有呼应有联系的空间。利用虚实空间对比取得造型的变化,能使造型变化丰富,耐人寻味。虚空间和实空间对比有三方面。

1)虚实空间对比协调处理,虚实相衬,能使造型显得更丰富,更能体现形式感。

2)相同的主体但附件形成和发展的虚空间不同,视觉感就不同,造型气氛就不同。

3)强调实空间实体显得稳重、大方;相反,如果强调虚空间实体则显得轻巧。不论是强调实空间还是虚空间,都要以虚衬托实,不要莫名其妙来一些虚空间。

在包装造型设计中,可以采用形体的线型、形状和体量、虚实空间、肌里等手段和形体的方向实现对比和调和的完美统一。

2.6.3　比例与尺度

比例指形体各部分在尺寸上的比较关系,一般不涉及具体量值。影响最大、使用最广的比例是黄金分割比例(1∶0.618),常用的还有均方根比例、整数比例、相加级数比例等。

尺度是指造型的形体与人的使用要求之间的尺寸关系。它涉及到工效学的基本内容,如正常人体结构尺寸、人的视野范围和视距范围等。如前面我们所提到的人手尺寸与瓶子造型设计的关系。

2.6.4　对称与均衡

对称是一种等量等形的组合形式。这是一种最容易统一的基本形式。对称是指整体中各部分的空间和谐布局与相互对应的形式表现。对称的表现形式主要有镜面对称、点对称和旋转对称三种。对称能产生庄重、稳定、威严的视觉效果。

均衡是指对称在心理上的表现,即以不对称产生视觉或心理上的对称效果。也就是说,均衡是一种等量不等形的组合形式。均衡是根据力的重心,将各种分量进行配置和调整,从而使整体达到平衡的状态,它在表现形式上比对称有更宽的自由度。

2.6.5　稳定与轻巧

稳定是指造型物上下之间的轻重关系。稳定的基本条件为:物体重心必须落在物体的支撑面以内。稳定又分实际稳定和视觉稳定,前者指物体的实际质量满足稳定条件;后者指造型体的外部体量的稳定,即心理上的稳定。从包装容器造型的艺术处理上,主要考虑视觉上的安定,从包装容器造型设计上,主要应当考虑实际安定。

轻巧是指在满足实际稳定的前提下,用艺术创造的方法给人以轻盈、灵巧之美感。

2.6.6　节奏与韵律

同一因素的连续或重复出现所产生的运动感,叫做节奏。节奏是客观事物的运动属性之一,是一种规则的、周期的运动形式。在造型设计中,节奏的美感主要是通过线条的流动、色彩的深浅间断、形体的高低、光影的明暗等因素作有规律的反复、重叠,以在观察者的心理上产生动感。

韵律指有规律的节奏经过扩展和变化所产生的流动的美。因此可以说韵律是节奏的深化,它在节奏的基础上增加了丰富的变化,以增强动感与美感。

包装造型设计时,可通过线、体、色、肌里来创造节奏和韵律。韵律常见的有连续韵律、渐变韵律、交错韵律和起伏韵律等四种。

2.6.7　重复与呼应

包装设计可以通过运用重复的手法,使容器造型在变化之中协调,形体彼此之间有联系和呼应,以达到整体统一的效果。如图 2－22 所示的葫芦瓶,上下形状相似,但体量不同,以束腰联系整体且获得上下呼应的效果。

2.6.8　主从与重点

所谓"主",即造型的主体部位或主要功能部位。对一个具体设计来说,就是表现的重点部分,视觉中心。而"从"则是造型的非主要部位。

主从关系非常密切,没有主也就不存在从。没有重点则显得平淡无味,没有一般也就不能突出重点。重点突出靠对重点的渲染来强调,靠一般因素的映衬来烘托。主体的效果靠局部处理来反映和加强。这也是统一变化法则的体现。

2.6.9　比拟与联想

比拟即比喻和模拟,是事物意象相互之间的折射、寄寓、暗示和模仿。联想是一种事物到另一种事物的思维转移与呼应。比拟是模式,而联想则是比拟的展开。比拟与联想在造型中是十分值得注意的,它是一种独具风格的造型处理手法。处理得好,能给人以美的欣赏;处理不当,则会使人产生厌恶的情绪。比如一些仿生类型的瓶子,就具有这样的特性。

2.6.10　单纯与个性

单纯是指造型物的高度概括而给人以鲜明清晰的结构轮廓印象。结构简单的形体或图案,便于识别又便于记忆。人们在视觉心理上倾向于将复杂形体单纯化,以增强秩序感和整体效果感。一件好的造型体或构图,无论远近观察都能给人以鲜明的结构印象,这就是单纯化的意义所在。个性也叫风格,是指造型中的一种格调。这种格调是通过某种可以认识的方法与别的格调相区别的,它是造型物中那些显而易见的所有个性特点综合起来所形成的。单纯化、个性化的产品不仅符合时代审美的要求,也适应现代工业发展的要求。

整体与局部是一对矛盾体,一件容器的口、颈、肩、身及底部等都是局部部位,在设计时,局部要服从整体的需要,在塑造整体风格的前提下,要精化局部设计。

2.7　包装容器造型设计表达方法

在设计包装容器时,如何通过二维平面的方法来表达三维立体构造,这里来介绍三种方法。

2.7.1　三视图法

1.概念

三视图是表达器皿造型的一种方法,即用器皿投影到三个面的视面图,来表达三维器皿的造型。这三张视图分别是正视图、俯视图和侧视图。其中,正视图又称为主视图,它是容器在正主投影面的投影图,这个视图是表达容器主要结构的视图。其观察角度是视线沿着与地面平行,与正主投影面垂直的角度观察容器时,看到容器在该投影面的轮廓线形。俯视图也叫顶视图,它是容器在水平面的投影图。其观察角度是视线沿着与水平面垂直的角度观察容器时,看到容器在该投影面的轮廓线形。侧视图一般指左视图或右视图,它是容器在正左侧投影面或正右侧投影面的投影图,这个视图是表达容器其他结构或附件等结构的视图。其观察角度是视线沿着与地面平行,与正左或正右投影面垂直的角度观察容器时,看到容器在该投影面的轮廓线形。在制图中对三视图的安排一般为:正视图放在图纸的主要部位,俯视图放在正视图的上面,侧视图安排在正视图的一侧。

根据具体情况,三视图表达可以灵活一些,比如对于中心轴对称的容器就只需画出正视图和俯视图,部分带有构件的造型也可以单独画出侧视图,位置在正视图的一侧。

2.三视图的对应关系

既然三张视图表达的是同一容器的造型,也就意味着这三张图之间有着必然的联系,我们把这种联系称为对应关系。首先,我们来看主视图与俯视图的对应关系。主视图表达的是容器左右方向和上下方向的结构尺寸,俯视图表达的是容器左右方向和前后方向的结构尺寸,从它们的方位分析,可以看出,它们同时表达了容器左右方向的尺寸,这一点表现在图纸上就是这两张图之间在水平方向具有等量对应关系,即主视图和俯视图沿着水平轴方向轮廓线边界一一对应,我们把它们之间的对应关系称为"长对正"。其次,我们来看主视图与侧视图的对应关系。主视图表达的是容器左右方向和上下方向的结构尺寸,侧视图表达的是容器上下方向和前后方向的结构尺寸,从它们的方位分析,可以看出,它们同时表达了容器上下方向的尺寸,这一点表现在图纸上就是这两张图之间在垂直方向具有等量对应关系,即主视图和侧视图沿着垂直轴方向的轮廓线边界一一对应,我们把它们之间的对应关系称为"高平齐"。最后,我们来看侧视图与俯视图的对应关系。侧视图表达的是容器上下方向和前后方向的结构尺寸,俯视图表达的是容器左右方向和前后方向的结构尺寸,从它们的方位分析,可以看出,它们同时表达了容器前后方向的尺寸,这一点表现在图纸上就是侧视图水平方向轮廓节点的尺寸与俯视图垂直方向轮廓节点的尺寸一一对应,我们把它们之间的对应关系称为"宽相等"。了解了三张视图之间的对应关系,我们就可以很容易地通过平面图来表达立体的容器的结构。如图2-27所示为三视图绘制案例。

3.三视图的画法

首先我们来看三视图的绘制步骤。

(1)分析物体结构,选择表达方案。这一步是分析容器的造型特点,确定三视图的观察角度。这一步的关键就是确定主视角,我们的确定原则是选择最能完整全面表达容器结构特点的观察视角为主视角。在主视角确定后,其他两个视角自然就确定了。这里要说明的是,侧视角是选择左侧还是右侧,取决于哪个方向能更大面积地表达容器的附属结构,就选择哪一侧来绘制。

(2)选择确定图纸幅面。根据容器的实际尺寸和现有绘图的具体条件,选择合适的绘图图纸大小,并确定图纸摆放方向。

(3)布图。根据图纸的尺寸和摆放方向,对图纸进行空间划分,确定每一张视图的具体位置。一般的布局是,先在图纸上画出水平方向和垂直方向对称线,将图面划分为四个区域,将主视图放在水平线以下区域(即左下或右下区域),俯视图放在与主视图垂直对应的上方区域,侧视图放在与主视图水平对应的另一侧区域。

(4)画三视图。一般的画图顺序是,先画主视图,再画俯视图或侧视图。在画每一张视图时,先画大结构再画小结构。在主视图画完后,可以根据主视图结构特点,画出视图的水平和垂直对称线,并将它们分别延伸到侧视图区域和俯视图区域,这样有利于另外两张图的准确定位,以保证每两张视图间的对应关系。

(5)标注尺寸和比例尺。画完三个视图后,要在相应位置标注容器结构的尺寸。三视图绘制时,不可能都是原尺寸绘制,要根据实际尺寸和图纸大小来确定绘制比例,这个比例在图纸上要以比例尺的形式写清楚。比例尺的标注方法是:在"M"之后写两个数字,这两个数字用比号分隔开,其中,第一个数字代表绘制图形的大小,第二个数字代表容器实际造型的大小,字母"M"代表"比例"的意思。例如M1:2表示所画造型的大小是实物的二分之一。图纸上标注的是容器的实际尺寸。

4.三视图绘制要求

为了使图纸规范、清晰、易看易懂,轮廓结构分明,必须按要求绘制规范的三视图。

(1)必须使用不同的规范化线型来表示。①粗实线:用来画造型的可见轮廓线,包括剖面的轮廓线。宽度:0.4~1.4 mm。②细实线:用来画造型明确的转折线、尺寸线、尺寸界线、引出线和剖面线。宽度是粗实线的1/4或更细。③虚线:用来画造型看不见的轮廓线,属于被遮挡但需要表现部分的轮廓线。宽度是粗实线的 1/2 或更细。④点划线:用来画造型的中心线或轴线。宽度是粗实线的 1/4 或更细。⑤波浪线:用来画造型的局部剖视部分的分界线。宽度是粗实线的 1/2 或更细。

(2)尺寸标注要规范。第一,在标注尺寸时,要准确详细地把造型各部位的尺寸标注出来,以便识图与制作使用。同一结构的尺寸若在一个视图上已经标注,在其他视图上就不再重复标注。第二,根据前面提到的线型使用标准,要求标注尺寸的线都使用细实线。第三,尺寸标注线两端与尺寸引出线的交接处要用箭头标出,箭头角指向尺寸引出线,以示尺寸范围。尺寸引出线要超出尺寸箭头约 2~3 mm,尺寸标注线距离轮廓线要大于 5 mm。第四,尺寸数字写在尺寸标注线的中间断开处,标注尺寸的方法要求统一,垂直方向的尺寸数字应从下向上写。圆型的造型,在圆内标注尺寸时,若标直径,在数字前加"D",若标半径,在数字前加"R"。第五,在标注尺寸时,只写数字,不写单位。单位在图纸的空白处统一说明,通常情况下,若单位是毫米,可以不用另行标出。

5.三视图绘制案例

三视图绘制案例如图 2-27 所示。

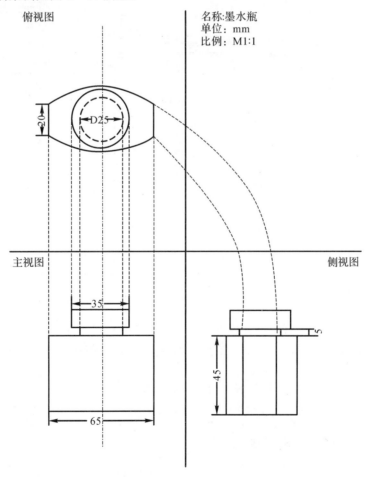

图 2-27　三视图案例

2.7.2 造型图样

造型图样设计图是另一种容器造型结构表达的方法。这种表达方法,是通过一张图来体现容器造型结构和尺寸,如图 2-28 所示。它的具体绘制方法如下。

(1)确定器皿造型多部位的尺寸。对包装瓶而言,就是按我们前面所提到的,分别明确包装瓶口、颈、肩、胸、腹、足和底等七部位的尺寸。

(2)确定并绘制容器的中轴线。

(3)依据容器各部位节点,垂直于中轴线引出水平线,在每两条水平线间绘制出容器各部位的造型轮廓线,并标出各部位的高度值。这里标注的都是容器的实际尺寸。为保证图纸干净整洁,只写数字,单位在下面统一说明。

(4)标明绘图比例。这样就完成了完整的容器造型图样的绘制。这里我们会发现,造型图样表达方法是用一种主视图来表达容器的造型结构,较之三视图法,会更简单一些,但是没有三视图表达得清晰准确。可见两种方法各有利弊。可以根据具体情况,选择合适的方法来表达容器造型。

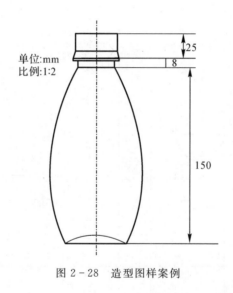

图 2-28　造型图样案例

2.7.3 效果图

利用绘图软件画出包装容器的立体效果图。可以用 AUTOCAD 或 3DMAX 等绘图软件来绘制包装容器的结构示意图。关于这些软件的绘制方法,这里就不再详述了。

2.8　实 训 练 习

2.8.1 包装容器三视图绘画

1.实训目的

(1)熟练掌握三视图绘画要点及方法。

(2)提高空间想象能力及表达能力。

2.实训要求

(1)主视图、俯视图及侧视图三者的方位关系及等量关系表达正确。

(2)根据空间表达关系,正确选择线形。

(3)准确标注尺寸。

(4)通过三视图能够正确表达包装容器的造型结构。

2.8.2　设计一饮料包装瓶

1.实训目的

(1)掌握瓶子造型设计的要点。

(2)熟练运用三视图来表达包装容器的造型及结构。

(3)提高学生的设计能力。

2.实训要求

(1)确定包装商品类型,选择合适材料。

(2)综合运用所学知识,造型设计应实用、美观。

(3)绘制出三视图,要求准确表现出容器的结构,标注主要尺寸。

(4)绘制出包装容器的效果图。

第3章 包装结构设计

3.1 包装结构设计概述

包装是产品的最后一道程序,包装后即进入物流过程,主要是装卸、运输、仓储、销售等环节。这些环节中都存在着损坏包装件的危险。而科学的包装结构设计,可以减少甚至避免包装件的损失。

3.1.1 概念

包装结构设计是指依据科学原理,采用不同材料、不同成型方式,结合包装的各部分结构要求,对包装的外形结构及内部结构所进行的设计。包装结构的各部分之间是相互联系、相互作用的完整体系。包装结构设计的目的是防止商品在流通、存储过程中因受到外部冲击而损坏。因此,在包装结构设计时应加强包装的容装性和保护性,并在此基础上注重包装结构的美观性。

3.1.2 包装结构设计考虑因素

包装结构设计时,应特别注重科学性与技术性在包装中的应用。合理的包装结构设计要考虑以下三方面因素:第一,要考虑与商品有关的因素,包括商品的类别、特性、动能、形态以及规格等;第二,要考虑与环境相关的因素,比如商品储运条件、商品的展示要求、商品的生产工艺以及环境保护的要求等;第三,要考虑到商品的消费者。商品的结构要符合消费目标群的审美,要方便消费者携带及使用等。

3.1.3 包装结构设计的步骤

1.确定环境条件

环境条件即引起商品破损的外界因素,如堆码、震动及冲击等。无论是仓储还是运输,多层堆码是节约面积的最好方法,而堆码在底层的商品承受压力最大,所以,包装设计不仅要考虑单个商品重量,还要考虑多层堆放时的抗压强度。外界震动与冲击使包装物产生"加速度",一旦超过其允许值时,包装物就会受损。

2.确定商品的相关信息

商品的相关信息包括商品的特性、形状、尺寸、体积、质量、转动惯量、重心位置、强度、允许加速度和商品包装系统的固有频率等。

3.选择包装材料

包装的结构形式在很大程度上取决于包装的材料。不同的材料具有不同的特性和相应的加工工艺。这些在很大程度上影响着包装容器的结构形式、包装的成本和包装的实用性。

4.进行包装结构分析并完成包装结构设计

这是包装结构设计的核心内容。

5.进行包装试验

包装结构设计完后,要对包装容器进行一系列检验,以保证包装的可靠性、实用性。主要的试验有跌落试验、冲击试验、振动试验、压缩试验及堆码试验等。

3.2　纸质包装容器结构设计

在前一章中我们介绍了除纸质材料外的诸多包装材料及这些材料进行包装容器造型设计的方法。本章我们重点介绍之前没有提到的纸质材料所加工的包装容器的结构设计。

3.2.1　纸质材料的特点

纸质材料质轻,便于运输和携带,容易成形,便于印刷,成本低,并容易回收,无公害,无异味,同时它还具有易于折叠、易于与塑料等其他材料复合的特点。因此,在销售包装中,纸材的应用比例最大。其中,白板纸占整个包装用材的 50% 左右。纸包装结构在包装行业中有许多优点,诸如漂白纸板非常适合用作牛奶和果汁包装盒,涂布纸板的彩印质量也较薄膜塑料更为精细和逼真。纸包装在原料与成型方法上与其他刚性包装容器有明显差异,所以在结构上有许多与众不同的特点。

3.2.2　包装中的纸质材料

纸张是我国产品包装的主要材料,纸的品种很多,包装中应用比较广的纸质材料主要有以下几种。

(1)白板纸。白板纸有灰底与白底两种,质地坚固厚实,纸面平滑洁白,具有较好的挺力强度、表面强度、耐折和印刷适应性,适用于做折叠盒、五金类包装、洁具盒,也可用于制作腰箍、吊牌、衬板及吸塑包装的底托。由于它的价格较低,因此用途最为广泛。

(2)铜版纸。它分单面和双面两种。铜版纸主要采用木、棉纤维等高级原料精制而成。每平方米在 30~300 g 左右,250 g 以上称为铜版白卡。纸面涂有一层白色颜料、黏合剂及各种辅助添加剂组成的涂料,经超级压光,纸面洁白,平滑度高,黏着力大,防水性强,油墨印上去后能透出光亮的白底,适用于多色套版印刷。印后色彩鲜艳,层次变化丰富,图形清晰。适用于印刷礼品盒和出口产品的包装及吊牌。克度低的薄铜版纸适用于盒面纸、瓶贴、罐头贴和产品样本。

(3)胶版纸。它有单面与双面之别,胶版纸含少量的棉花和木纤维。纸面洁白光滑,但白度、紧密度、光滑度均低于铜版纸。它适用于单色凸印与胶印印刷,如信纸、信封、产品使用说明书和标签等。在用于彩印的时候会使印刷品暗淡失色。它可以在印刷简单的图形、文字后与黄版纸裱糊制盒,也可以用机器压成密楞纸,置于小盒内作衬垫。

(4)卡纸。它有白卡纸与玻璃卡纸。白卡纸纸质坚挺,洁白平滑。玻璃卡纸纸面富有光泽。卡纸价格比较昂贵,因此一般用于礼品、化妆品、酒等高档产品的包装。

(5)牛皮纸。牛皮纸本身灰灰的色彩赋予它丰富的内涵和朴实憨厚感。因此只要印上一套色,就能表现出它的魅力。由于它具有价格低廉、经济实惠等优点,设计师们都喜欢用牛皮纸来做包装袋。

(6)艺术纸。这是一种表面带有各种凹凸花纹肌理的,色彩丰富的艺术纸张。它加工特殊,因此价格昂贵。一般只用于高档的礼品包装,增加礼品的珍贵感。由于纸张表面的凹凸纹理,印刷时油墨不实地,所以不适于彩色胶印。

(7)再生纸。它是一种绿色环保纸张,纸质疏松,初看像牛皮纸,价格低廉。由于它具备了以上优点,世界上的设计师和生产商都看好这种纸张。因此,再生纸是今后包装用纸的一个主要方向。

(8)玻璃纸。玻璃纸有本色、洁白和各种彩色之分。玻璃纸很薄,但具有一定的抗张力性能和印刷适应性,透明度强,富有光泽。用于直接包裹商品或者包在彩色盒的外面,可以起到装潢、防尘作用。玻璃纸与塑料薄膜、铝箔复合,成为同时具有这三种材料特性的新型包装材料。

(9)黄版纸。黄版纸厚度在 $1\sim3$ mm 左右,有较好的挺力强度。但表面粗糙,不能直接印刷,必须要有先印好的铜版纸或胶版纸裱糊在外面,才能得到装潢的效果。多用于日记本、讲义夹、文教用品的面壳内衬和低档产品的包装盒。

(10)有光纸。它主要用来印包装盒内所附的说明书,或裱糊纸盒用。

(11)过滤纸。它主要用于袋泡茶的小包装。

(12)油封纸。它可用在包装的内层,对易受潮变质的商品具有一定的防潮、防锈作用。常用于糖果饼干外盒的外层保护纸,用蜡容易封口和开启。对日用五金等产品则常常加封油纸作为贴体封,以防锈蚀。

(13)浸蜡纸。它是将纸与蜡进行综合处理后的一种纸质材料,它的特点为半透明、不黏、不受潮,用于怕水商品的内包装,例如用于香皂的内包装衬纸。

(14)铝箔纸。它用于高档产品包装的内衬纸,可以通过凹凸印刷,产生凹凸花纹,增加立体感和富丽感,能起到防潮作用。它还具有特殊的防止紫外线的保护作用、耐高温、保护商品原味和阻隔空气效果好等优点,可延长商品的寿命。铝箔纸还被制成复合材料,广泛应用于新包装。

(15)护角纸板。一种新型包装材料,是纸张和黏合剂为原料经特殊加工而成的多种形状的护角纸板,如 L 型、U 型、方型、环绕型和缓冲垫型等。具有无环境污染、可回收、增加包装强度等优点。另一个重要优点是它取代了造成环境污染的发泡塑料,同时可免去外包装纸箱。在金属板材及平板纸张包装中,由于传统包装因打包造成表面变形破损,影响了商品的质量,而护角纸板可以有效地保护商品。在纸箱中放入护角纸板,可增强其抗压强度。

(16)保鲜纸板。这是一种复合纸质材料。在纸的夹层、内侧及外侧等部位加入塑料膜、铝箔等具有特殊功能的其他材料,起到隔氧、隔潮、隔紫外线、隔水等功能,从而保证内装物的新鲜度并延长产品寿命。例如:聚乙烯膜作为保鲜层夹在纸板内、外面纸之间或把保鲜膜或真空镀铝复合到内外面纸上。还可以实现多种材料组合,比如:①牛皮面纸、瓦楞芯纸、专用塑料泡沫层、牛皮面纸;②双面瓦楞纸板内侧复合发泡 LDPE 层;③高纸热发泡 PSP 层与瓦楞纸板内侧组合;④保冷包装:面纸与瓦楞纸板之间复合微孔泡沫塑料;⑤在造纸过程中,在内面纸加入多孔型气体吸收粉剂等。

(17)瓦楞纸板。瓦楞纸板是制作瓦楞纸箱的基本材料,它是由多层纸组合而成的,其中至少有一层为加工成波纹状的纸,叫做芯纸。最典型的瓦楞纸板是单瓦楞(也叫三层瓦楞)纸板,它是由一层面纸、一层芯纸和一层里

图 3-1　瓦楞纸结构图

纸构成的,如图 3-1 所示。它主要由外面纸、内面纸和中间夹着的瓦楞芯纸及各个纸页间的黏合剂黏合组成。

瓦楞纸板的楞形分为 V 形、U 形和 UV 形三种。这三种楞形各具特点。V 形瓦楞的圆弧半径最小,因而在承受外力时变形较小,而外力去除后恢复变形的能力较差。因此,它的抗压强度较高,但缓冲性能差,不易黏合。U 形瓦楞的圆弧半径最大,因而在承受外力时变形较大,而外力去除后恢复变形的能力较强。因此,它的抗压强度较低,但缓冲性能好,易于黏合。UV 形兼有二者的优点,它的圆弧半径介于 U 形和 V 形之间,因而在承受外力时变形以及外力去除后恢复变形的能力适中。因此,它的综合物理性能较好,是目前使用最为广泛的一种楞形。

根据芯纸波纹的大小不同,瓦楞又可以分为多种楞型,即以瓦楞大小、密度与特性的不同对其进行分类。目前使用的主要楞型有 6 种:超大瓦楞 K 型、大瓦楞 A 型、小瓦楞 B 型、中瓦楞 C 型、微(细)瓦楞 E 型和超细瓦楞 F 型,其中 A,B,C 楞用于外包装,B,E 楞用于中包装,F 楞用于小包装。

依据瓦楞的层数不同,瓦楞纸板可以分为单面瓦楞纸板、双面瓦楞纸板、双芯双面瓦楞纸板和三芯双面瓦楞纸板,如图 3-2 所示。

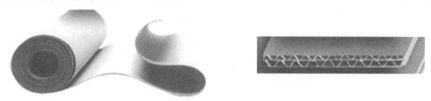

图 3-2　不同形式的瓦楞纸

3.2.3　纸盒包装

纸质材料在包装中的应用,主要是加工成纸盒和纸箱。其中,纸盒尺寸和结构变化丰富,在销售包装中应用非常广泛。纸箱结构简单,变化不多,可以说是厚纸板加工的大尺寸的包装盒。因此,在这里我们就重点介绍纸盒的结构设计。

纸盒是指用较薄的纸板,经模切、压痕后,通过折叠、粘贴、嵌插及裱合等手段而形成的中空容器。

为了对纸盒有一个系统的认识,这里我们对纸盒进行分类介绍。

(1)按几何形态分为方形、圆形、圆柱形、三角形及球形等。

(2)按模拟形态分为桃形、金鱼形、车形及飞机形等。

(3)按纸盒的结构形式分为以下几种。

1)陈列式:摆放在柜台,便于展示商品。

2)悬挂式:悬挂时可以是纸盒自身结构的变化,也可以是另外附加上去,往往与开窗式结合,以充分展示内装商品。多用于牙刷、日用小五金(如灯泡)、小食品等。

3)多件集合式:可以是两件,也可以是多件,其特点是展示性强、陈列性强。一般多用于礼品包装、系列包装。

4)开窗式:在盒的一面、两面甚至三面连续切去一定面积,有时在切去面上贴上透明的玻璃纸。开窗部分有利于商品的展示,吸引消费者,增强购买欲望,从而具有很强的促销功能。多用于食品、工艺品、化妆品、啤酒等商品的包装。

5)多锁插入式:这种纸盒具有一定的承重能力,多用于酒等较重的商品的包装。

6)摇翼窝进式:具有很强的装饰和美化效果,常用于月饼等礼品的包装。

7)间隔式:这是组合包装的一种,在内包装的商品间设计有隔板等结构,起到间隔商品、保护商品的作用。

8)插锁式:在盒底部设计有插口和插舌,透过二者的相互插入来实现盒底的封合,具有一定的承重能力。

9)斜口式:将盒子的开口设计在盒子的斜上方,如一些酸奶的包装。

10)抽屉式:抽拉方向和位置可以设计成一边开口或两边开口的形式,多用于食品及用品的包装。

11)提手式:在盒盖部位设计提手结构,方便携带。多用于较轻的商品包装,如蛋糕、饼干等。

12)易开式:这是一种使用方便的包装盒。开启的基本形式有撕裂、半切缝、缝纫线等。开启的位置多在盒盖、正面、侧面等,常用于乳品及一些颗粒状食品的包装。

13)异型式:在盒子的某些侧面或盒盖上设计特殊结构,起到保护和装饰的功能。

(4)按成型方式不同,可以将纸盒分为以下两种。

1)折叠纸盒。折叠纸盒是应用最为广泛、结构变化最多的一种销售包装容器。折叠纸盒通常用厚度为 0.3~1.1 mm 的纸板(包括单层纸板、E 型或 F 型瓦楞纸板、双层裱合纸板)制造。折叠纸盒的特点是成本低;流通费用低;适合大中批量生产;结构变化多;强度较差,尺寸不宜过大,不适合包装贵重物品。折叠纸盒又按其结构的不同可以分为管式、盘式、管盘式、非管非盘式等不同的形式。

2)粘贴纸盒。粘贴纸盒是用贴面材料将裁切好的纸板裱合而成的纸盒。这类纸盒的特点是可选用的材料种类多;刚性较折叠纸盒高;堆码强度高;适合小批量生产;便于展示商品;通常为手工生产,劳动强度大,生产率低,流通费用高。

从以上分类可以看出,包装盒结构丰富,在后面介绍纸盒结构设计时,我们按纸盒的成型方式来分类介绍。从上述的成型方式分类中我们可以看出,折叠纸盒结构变化最多,同时它也是包装中应用范围最广的一类包装盒,在这里我们主要介绍折叠纸盒的结构设计方法。

3.2.4　纸盒包装结构设计通则

纸包装在原料与成型方法上与其他刚性包装容器有明显差异,所以在结构上有许多与众不同的特点。因此,纸包装结构设计的表示方法就不同于其他刚性包装容器。纸包装结构设计通则适用于折叠纸盒、粘贴纸盒和瓦楞纸箱。

1.绘图设计符号

(1)裁切、折叠和开槽符号。

1)单实线:轮廓裁切线。

2)双实线:开槽线。

3)单虚线:内折叠压痕线。

4)点划线:外折叠压痕线。

5)三点点划线:切痕线。

6)双虚线:双压痕线,即 180°折叠线。

7)点虚线:打孔线。

8)波纹线:软边切割线。

其中,1)、2)为裁切线,3)、4)、5)为压痕线,6)为间歇切断压痕线。

(2)在折叠压痕线中,分为内折、外折和对折。纸盒(箱)折叠成型后,纸板底层为盒(箱)内角的两个边,而面层为盒(箱)外角的两个边,则为内折;反之,则为外折。纸板 180°折叠后,180°折叠线又称对折线,都用双虚线表示。

1)切痕线,即压痕与切断交替进行。根据工艺要求需标注间歇切断与压痕的长度,用切断长度、压痕长度来表示。

2)打孔线,方便开启的结构来使用。

3)软边切割线,防止裁切边缘划伤手指。

2.封合符号

(1)U 形钉钉合,代号 S。

(2)胶带纸黏合,代号 T。

(3)黏合剂黏合,代号 G。

3.提手符号

(1)完全开口式,代号 P。

(2)不完全开口式,代号 U。

3.3　管式折叠纸盒结构设计

3.3.1　管式折叠纸盒结构概述

管式折叠纸盒是指在纸盒成型过程中,盒盖和盒底都需要摇翼折叠组装,固定或封口的纸盒。一般情况下,管式折叠纸盒在黏合后可以压成片状,因而便于储运。

　　管式折叠纸盒具有一个鲜明的特点就是旋转特性,它是指管式折叠纸盒在成型过程可以看作是组成纸盒的各个侧面,绕其与相邻面的交线旋转一定角度而成型的。在纸盒结构设计时,这种旋转性体现在几个关键的成型角上。第一个是 A 成型角,它是指纸盒成型后,相邻两侧面的底边或顶边所构成的角,也叫第一类成型角,用字母 α 表示,如图 3-3 所示。它的确定方法是,如果组成盒子的侧面数为 n,则 $\alpha=360°/n$。例如六面体盒子的 $\alpha=60°$,四面体的 $\alpha=90°$等。第二个成型角是 B 成型角,它是指在盒子的各侧面中,底边或顶边与旋转轴所构成的角,也叫第二类成型角,用字母 χ 表示。当纸盒的展开图中,各侧面底边在同一条直线上,则 B 成型角都为 90°。第三个角是旋转角,它是指在纸盒成型过程中,相邻两侧面的底边或顶边以其交点为轴所旋转的角度,或者在成型过程中,摇翼所旋转的角度,用字母 β 表示。当 B 成型角都为 90°时,$\beta=180°-\alpha$,如图 3-3 所示。计算旋转角的目的主要是为管式折叠纸盒的摇翼结构设计提供依据。在大多数情况下,一个纸盒的所有成型角和旋转角均为 90°。

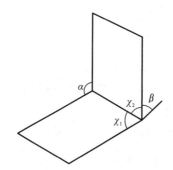

图 3-3　管式折叠纸盒的各类角

　　折叠纸盒的基本结构如图 3-4 所示。它是由盒身(即四个侧面)、盒盖(即上方的 3 或 4 个摇翼)、盒底(即下方的摇翼)及糊口和插舌组成。在尺寸上的基本关系是摇翼的高度等于成型后纸盒的宽度或高度(具体由纸盒的摆放形式定)。

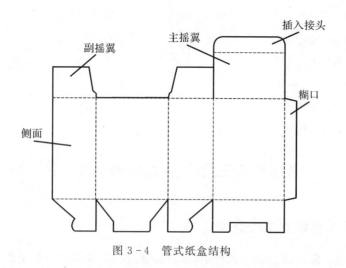

图 3-4　管式纸盒结构

3.3.2　管式折叠纸盒的盒盖结构

盒盖是纸盒内装物——商品进出的门户,因此人们对盒盖有以下要求。首先是必须便于内装物装入和取出,且内装物装入纸盒后,盒盖不得自动打开,以起到保护内装物的作用。其次是要求盒盖在装入商品后容易封合,而取物时又容易开启。最后是要求盒盖具有美化促销功能,这是对盒盖的比较高的要求。

盒盖设计的关键就是它的固定方式,在实际的包装应用中,常用的盒盖的固定方式有以下几种。

(1)利用纸板间的摩擦力,防止盒盖自动打开。

(2)利用纸板上的卡口,卡住摇翼,不让其自动打开。

(3)利用插口插舌结构,将摇翼互相锁合。

(4)利用摇翼互相插撒锁合。

(5)利用黏合剂将摇翼互相黏合。

根据上述盒盖的固定方式,我们来重点介绍一些常用的盒盖结构的设计方法。

1.插入式

插入式盒盖在盒子的端部设有一个主摇翼和两个副摇翼,主摇翼适当延长,封盖时插入盒体,起到主要封合的作用。插入式盒盖是利用插入接头与纸盒侧面间的摩擦力,来防止盒盖自动打开,以使纸盒保持封合状态的。如图 3-5 所示,插入式盒盖有飞机式、反插式。

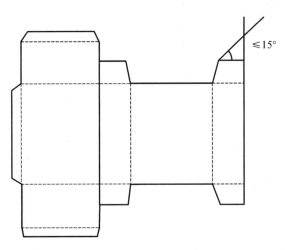

图 3-5　插入式盒盖结构

插入式纸盒盒盖开启方便,具有再封合功能,便于消费者购买时打开盒盖观察商品,又可多次取用内装物,它属于多次开启式盒盖。

插入式盒盖设计的要点有以下几点:首先,封合时,副摇翼与主摇翼相接触的一侧要倾斜一定的角度,这样设计的目的是为了避免插入接头插入盒体时受阻,这个角度保持在 15°左右,不能过大,否则会降低副摇翼辅助盒盖固定的作用。其次,要注意摇翼的高度。主摇翼的高度等于相邻侧面的宽度加上两个纸板的厚度,以保证主摇翼能刚刚封合顶部。副摇翼的高度小于相邻侧面的宽度。这里提到的摇翼的设计要点,在以下各类盒盖设计中都是要注意的。

2.插卡式

插卡式盒盖就是在插入式摇翼的基础上,在主摇翼插入接头折痕的两端各开一个槽口,这样当盒盖封合后,就可用副摇翼的边缘卡住主摇翼的槽口,则主摇翼就不能自动打开了。插卡式结构同时利用了摩擦力和摇翼之间的卡锁两种方法来固定盒盖,所以比仅用摩擦力固定的插入式方法更加可靠。

插卡式盒盖结构在设计时,上述插入式提到的设计要点依然适用。在此基础上,还要强调盒盖处的槽口设计,盒盖的槽口有隙孔、曲孔和槽口三种形式。如图3-6所示,隙口指只在开槽口的地方剪开一小段即可;曲孔指在开槽口的地方,用剪刀剪成有一定弯曲度的槽口,这样相对直线孔更不易打开;槽口指,在开口处要剪开,并有一定的宽度,这个宽度大概等于纸板的厚度 t ,一般适用于较厚纸板的盒子。至于槽口的长度,要与副翼上留的卡合处高度一致。

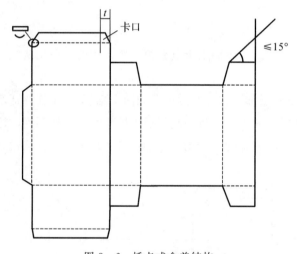

图3-6　插卡式盒盖结构

3.锁口式

锁口式盒盖一般有四个摇翼,在相对的两个主摇翼上分别设计有各种形式的插口和插舌,如图3-7所示。封口时,将插舌插入相应的插口内,以锁住盒盖而防止它自动打开。这种盒盖的特点是封口比较牢固,但封合和开启时稍微麻烦。这种盒盖常用在胶鞋类的纸盒包装中。

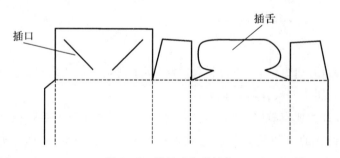

图3-7　锁口式盒盖结构

锁口式盒盖结构的设计关键,就是盒盖处的插舌和插口。在两个相对的主摇翼上,分别设计插舌和插口,插舌的形状和位置与留的插口的形状和位置要相对应。摇翼的高度,参考之前插入式盒盖的要求。

4.插锁式

插锁式盒盖是插入式与锁口式相结合的一种盒盖结构。插锁式盒盖最常见的结构有两类,如图3-8所示。第一类是盒盖的两个副翼上分别设计有锁舌,用锁舌互相锁住,而主翼上只有插入接头,作简单插入,这种结构在玻璃瓶外用纸盒包装上用的较多;第二类是在一个主翼上有插舌,在另一个主翼上有插入接头,并在该主翼的相应位置有插口,插入接头作简单插入,插口与前一主翼上的插舌相对应,利用锁舌插入锁口进行二次固定。这种形式的盒盖的固定也比较可靠。

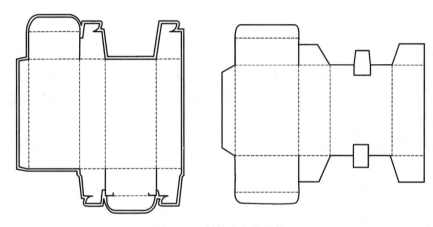

图 3-8　插锁式盒盖结构

5.黏合封顶式

黏合封顶式盒盖是将盒盖的四个摇翼进行黏合的封顶结构,黏合的方式如图3-9所示,有单条涂胶和双条涂胶两种。这种盒盖的封口性能较好,并且往往和黏底式结构一起使用。这类盒子适合在高速全自动包装机上包装,常用于密封性要求较高的一次性包装,如胶卷的包装,也用来包装粉末状和颗粒状产品,如洗衣粉、谷类食品等,所以在管式折叠纸盒中用量很大。这类盒盖的独特之处是,一旦打开就不可再恢复原样,因此有防伪防盗的特点。这类盒子的设计要点在于,一般有四个摇翼,主摇翼上都没有插入接头。

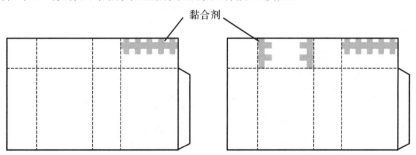

图 3-9　黏合式盒盖结构

6.正撤封口式

这类纸盒一般盒盖和盒底都采用相同的结构,即将纸盒的顶边与底边做成弧线或折线的压痕,然后利用纸板本身的强度和挺度,掀压下两端的摇翼来实现封口和封底,如图 3-10 所示。这种盒盖操作简便,节省纸板,并可设计出许多风格各异的纸盒造型。需要注意的是,这种结构的盒子的纸板要比较厚,有一定的硬度。这类盒子由于盒盖牢固性不够,所以适合用于内装物质量较小的商品。

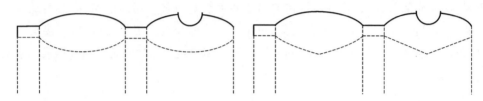

图 3-10　正撤封口式盒盖结构

7.易开启式

将盒子的打开方式简易化,一般是将原盒盖与盒体黏合,在盒子的适当部位设计新的开口方式,主要有缝纫线和易拉带。缝纫线是一种简单的开启方式。它的位置可以根据商品的需要选择,可放在纸盒的上面、侧面、前面,也可以同时通过纸盒的两个甚至三个面。缝纫线的形状可以结合商品特点自由设计,如圆形、方形、椭圆形等。缝纫线一般用点虚线标出,如图 3-11所示。易拉带是在包装盒的某一个或两个面上设计一定宽度的封合带结构,开启时将封合带撕拉下来即可。设计时易拉带的位置比较灵活,可以在纸盒的上面、侧面等。多用于快餐及冷冻食品的包装。这种易开启式盒盖,一旦打开,就不可再回复原样。

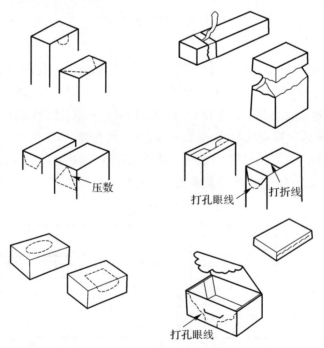

图 3-11　易开启式盒盖结构

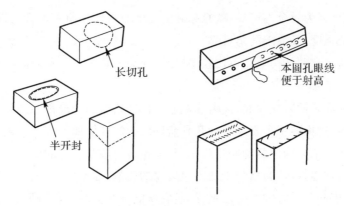

续图 3-11　易开启式盒盖结构

8.摇翼连续折插式

　　摇翼连续折插式盒盖是一种主要适用于正多边形管式折叠纸盒的盒盖或盒底结构,它是一种特殊的锁口方式。这种盒盖的特点是锁口比较牢固,并可通过不同形状的摇翼设计,折叠后组成造型优美的图案,但是这种盒盖组装起来比较麻烦。摇翼连续折插式纸盒盒盖设计的关键在于必须根据相交点的位置来设计摇翼的结构形状。因为摇翼连续折插纸盒的盒盖和盒底是纸盒的各个摇翼连续折插后,互相重叠而形成的,但是要使得各个摇翼能够互相折插进去,并保证互相锁住,就必须选择一个点,使得各摇翼互相折插时仅在此点相交并插入,而不是相互重叠,否则,摇翼就无法折插并相互锁住。这个点称之为相交点,并用字母 O 来表示。同时,这个相交点只有位于各摇翼的轮廓边缘线上或折痕线上,才能满足各摇翼互相折插并锁住的要求;只要各摇翼的相交点位于摇翼的轮廓边缘线上或折痕线上,摇翼的形状设计则可是任意的,可根据需要设计成简单明快的直线型,也可设计成优美的曲线型或折线型,如图 3-12所示。这类盒子一般可以用来盛装轻小的礼品。

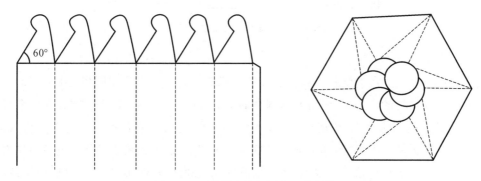

图 3-12　摇翼连续折插式盒盖结构

3.3.3　管式折叠纸盒盒底结构设计

　　纸盒盒底的主要功能是承受内装物的重量,并兼顾纸盒的封合功能。因此在结构设计时的要求如下:首先,要有足够的承载强度,保证盒底在装载商品后不会被破坏;其次,盒底的结构要简单,因为盒底结构过于复杂,就将影响盒底本身的组装,从而降低生产效率;最后,盒底的封合方式要可靠,因为封合不可靠,就意味着商品随时可能掉出来。管式折叠纸盒盒底的设计原则是既要保证强度,又力求简单可靠。

管式折叠纸盒的盒底结构变化也比较多,这里介绍一些常用的盒底的结构设计方法。

1.插口封底式

插口封底式盒底是插入式盒底、插卡式盒底和插锁式盒底的统称,它们的结构都与同名的盒盖结构完全相同,这里就不再赘述。这几种盒底结构的区别如下。

插入式盒底所能承受的内装物质量最小,只能包装小型和较轻的商品;插卡式盒底的固定方式较插入式有所加强,可适当增加纸盒内包装物的质量;插锁式盒底由于是插入式与锁口式相结合,盒底的强度和固定方式进一步加强,故它所能承受的内装物质量最大。插口封底式盒底最大的优点是包装组合时操作简便,所以它在管式折叠纸盒中应用比较普遍。

2.插舌锁底式

插舌锁底式盒底的常见结构如图3-13所示,它就是在两个主摇翼上,分别设计有插口和插舌,然后在组装盒底时,将插舌插入相应的插口的盒底结构。在设计时,插舌的形状可以有多种变化,关键是注意插舌与插口的位置的对应和形状的匹配。这种结构的盒底固定比较可靠,所以多用于质量稍大的瓶装酒类和小五金零件、小金属文具的包装上。

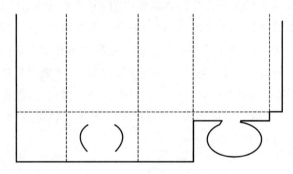

图 3 - 13　插舌锁底式盒底结构

3.摇翼连续折插式

摇翼连续折插式盒底的结构与摇翼连续折插式盒盖的结构完全相同(见图3-12)。这里不再赘述。需要注意的是,盒底组装时其摇翼的折叠方向与盒盖相反,即盒底组装时各摇翼先折向盒内,然后再逐个放下摇翼折插。具体操作过程:①先将盒底各摇翼内折180°折入盒内;②从盒内依次将摇翼放下折插,即可成型。这样组装的盒底,由摇翼折插组成的花纹图案在盒内,当商品装入后,会压合这些花纹,让各个摇翼间贴合得更紧密,从而提高盒底的承载能力。这种盒底一般都和同结构盒盖配合使用。

4.连翼锁底式

连翼锁底式盒底就是将矩形盒底的两个副翼沿底边切断,与盒子的侧边分开,而与一主翼连在一起,即为“连翼”。在组装时,两副翼与盒子侧边内部相接触,当商品装入后,向两侧挤压两副翼,加大了副翼与盒体内侧面的摩擦力,从而提高了盒底的牢固性。这种盒底结构简单,强度较高,承重能力较大,故又称为重型锁底式盒底,其结构如图3-14所示。它适用于较重的商品的包装盒结构。

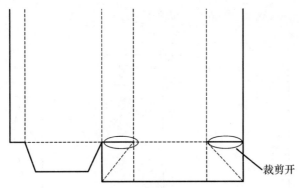

图 3-14　连翼锁底式盒底结构

5.锁底式盒底

锁底式盒底主要用在矩形管式折叠纸盒上,不论这个底是平底,还是斜底,均可使用。锁底式盒底就是将矩形管式折叠纸盒的四个底摇翼设计成互相折插啮合的结构进行锁底,其结构如图 3-15 所示。从图可以看出,锁底式盒底其实是由摇翼连续折插盒底简化演绎而来的。因为当锁底式盒底结构成型时,O_1,O_2 和 O_3 三点重合,P_1,P_2 和 P_3 三点也重合,也就是说 O 点和 P 点是摇翼连续折插后的两个相交点。锁底式盒底能包装各类商品,且能承受一定的重量,因而在大中型纸盒中得到了广泛的应用,是管式折叠纸盒中使用得最多的一种盒底结构。

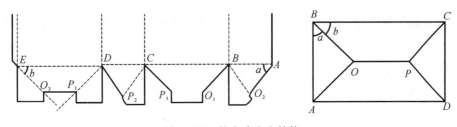

图 3-15　锁底式盒底结构

此外,还有黏合封底式和正揿封底式结构的盒底,它们的结构与相应的盒盖结构完全相同,这里不再赘述。

3.4　盘式折叠纸盒结构设计

3.4.1　概述

一般来说,盘式折叠纸盒的盒底和盒盖所在的侧面是盒体各个侧面中面积最大的侧面。如图 3-16 所示,盘式折叠纸盒一般由盒底、主侧板和副翼等三部分组成,有时根据需要还附有盒盖。由图 3-16 可知,盒底是盘式折叠纸盒的主体;而纸盒的各个侧面是由主侧板构成的;副翼则是由主侧板延伸出来,为实现盘式折叠纸盒的组装锁合或固定而设计的一些附件;盒盖及其延伸部分是根据需要加上去的一个封口装置。这种纸盒一般高度相对较小,而盒底负载面积大,开启后,消费者观察内装物的面积较大,有利于消费者挑选和购买。盘式盒在包装中主要适用于包装鞋帽、服装、食品和礼品等商品。

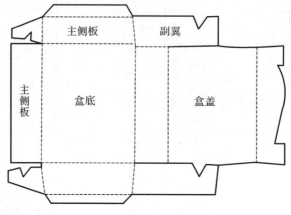

图 3-16　盘式折叠纸盒结构

从成型方法来看,盘式盒具有如下特点:它是由一页纸板成型,且周边主侧板以直角或斜角折叠,或在角隅处进行锁合或黏合而成。这种纸盒的盒底几乎没有什么结构变化,其主要变化都集中在纸盒的边框即侧边上。以下我们就来分析一下盘式盒的成型方法。

3.4.2　盘式折叠纸盒的成型方式

盘式折叠纸盒的成型方法主要有三种,即盒端对折组装、侧边锁合组装和黏合式简单盒角组装。

1.盒端对折组装

盒端对折组装盘式盒是目前使用最为广泛的盘式折叠纸盒成型方法,这种组装方法就是利用侧边副翼插入盒端主侧板对折夹层中组装成型的方法,这种结构完全靠对折锁合成型而无任何黏合结构,如图 3-17 所示。这是对折组装盘式折叠纸盒的典型结构。一般情况下,盒端对折后利用两端的摩擦力就可以固定。

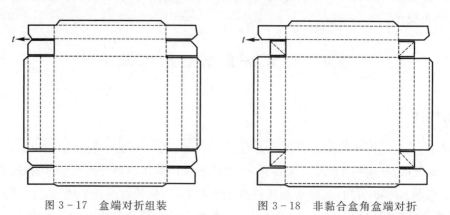

图 3-17　盒端对折组装　　　　图 3-18　非黏合盒角盒端对折

有时,盒端处也可另加锁合结构,其锁合结构可以有两种形式:一是非黏合式简单盒角与盒端对折组装盘式盒,如图 3 - 18 所示,它的特点是四个盒角上的副翼不切断,而采用平分角结构设计与对折部分之副翼一起插入盒端对折之夹缝中锁合;二是倒角盘式折叠纸盒,它是利用对折组装方式设计出来的另一种形式的盘式盒,它是在传统的方形和矩形对折组装盘式折叠纸盒基础上加上倒角结构而成的,它在四个角的四侧板上延伸出副翼,插入盒端对折组装的夹缝中,形成周边的夹层结构,质地厚实,形状似圆非圆,落落大方,加上精美的印刷,有如金属包装,常用来包装食品。

2.侧边锁合组装

侧边锁合就是在盘式纸盒的侧边上设计一些连接锁合结构,将相应的侧边连接起来并组合成型的方法,如图 3 - 19 所示。侧边锁合的方式,根据实际情况有多种:①主侧板与副翼锁合;②副翼与副翼锁合;③在封盒时还可以将盒盖的延伸部分与主侧板锁合,而主侧板与主侧板的相互锁合。盒盖切口的相互锁合就用得更多了。无论在哪里锁合,搭锁结构都是非常关键的,以下我们介绍一些常见的搭锁结构。

锁合的搭锁结构根据插入连接方式的不同,可分为以下五种形式。

(1)直接插入式。左右两侧的卡扣直接卡合。

(2)锁扣插入式。这种连接方式的特点类似于纽扣,也就是连接的两翼先相互垂直进入缝隙,然后再转平。

(3)旋转插入式。它的特点是两翼连接插入时需在平面内相对旋转一定的角度,才能插入。

(4)折曲插入式。其主要特点是该结构在插入前,要先按折叠线折曲,插入后再将折曲部分展开。

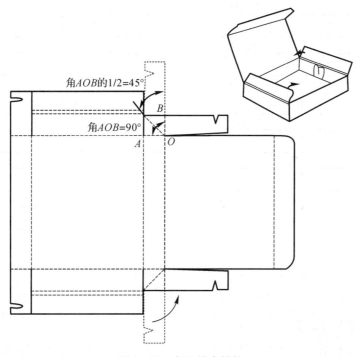

图 3 - 19　侧边锁合结构

(5)重叠插入式。主要特点是这种结构的插入部分可能有几组,且每组的结构完全相同,即插入结构是重叠的,这样一则可使连接更为可靠,二则可组成一些美丽的图案,美化包装。如图 3-20 所示是一些常见的搭锁结构。

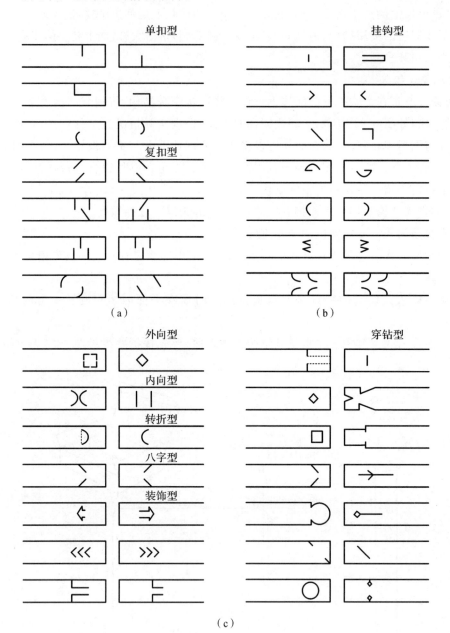

图 3-20　常见搭锁结构

(a)直角插入法;(b)纵向插入法;(c)贯通结合法

3.黏合式简单盒角组装

盒角黏合就是将盘式折叠纸盒的侧边利用在盒角涂施黏合剂的方法黏合成型。盒角黏合可采用不同的结构:第一种如图 3-21(a)所示,盒角相邻两侧的副翼均不切断,而采用平分角的形式将副翼分为全等的两部分,然后一部分涂胶相互黏合;第二种如图 3－21(b)所示,将纸盒盒角的副翼与一边侧板连起来,而与另一侧板切断,然后在副翼上涂胶与切断的侧板黏合起来成型。

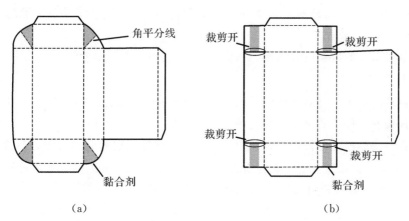

（a）　　　　　　　　　　　　　　　　　（b）

图 3－21　黏合式盒角结构

3.4.3　盘式折叠纸盒的常见结构

1.罩盖式

　　罩盖式折叠盘式纸盒的盒体、盒盖是两个独立的盘型结构。如图 3－22 所示,盘边具有一定的厚度,这样可以加强盒子侧边的强度,提高盒子的保护性,并且这样做出的底盘结实好看。从结构上讲,罩盖式盒盖与无盖的盘式折叠纸盒并无二致。盒盖可以不要 5 mm 的盘边。此外,由于盒盖要完全罩住纸盒,所以在尺寸上要比盒底大一些,至少是每边加两张纸的厚度,才不至于太紧或者盖不上。罩盖式纸盒所采用的侧边组装结构大多为对折组装和黏合结构。在设计时,首先根据内装物的尺寸确定出纸盒(盒底)的相应尺寸,然后将盒底尺寸适当放大,即得到盒盖尺寸。

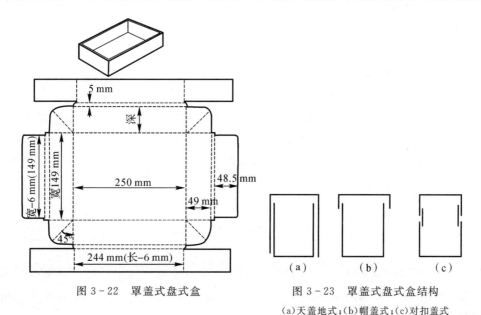

图 3－22　罩盖式盘式盒

图 3－23　罩盖式盘式盒结构

(a)天盖地式;(b)帽盖式;(c)对扣盖式

罩盖盒的结构也有一些变化。按照盒盖相对于盒体的高度,罩盖盒可分为三种类型:①天盖地式。这种盒盖完全罩住盒体,即盒盖的高度大于或等于盒体的高度,如图 3 - 23(a)所示。②帽盖式。这种盒盖只罩住盒体靠盒口的一部分,即盒盖的高度小于盒体的高度,如图 3 - 23(b)所示。③对扣盖式。这种盒盖是罩在盒与盖的插口上,其纸盒的总高等于盒盖高与盒体高之和,如图 3 - 23(c)所示。

罩盖式盘式盒一般用来盛装衣服、鞋、帽等,有时也可作为礼品盒。

2.摇盖式

摇盖式盘式纸盒是在纸盒侧板的基础上延伸而成的绞链式摇盖,它是由一页纸板成型的全封口盘式摇盖盒。摇盖式纸盒又分为单摇盖和双摇盖两种,如图 3 - 24 所示。单摇盖就是它的盒盖只在一块侧板上延伸而成,只有一个摇盖;双摇盖的摇盖分别由两对侧的主侧板延伸而成,它有两个摇盖。摇盖盒子的盒盖固定方法,可以借鉴前面讲到的管式折叠纸盒的盒盖固定方法。摇盖式盘式盒一般用来包装食品,或作为礼品盒。

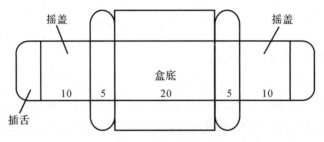

图 3 - 24　摇盖式盘式盒

3.锁口式

锁口式盘式纸盒的盒盖类似于锁底式管式折叠纸盒的盒底结构,其设计方法也一样,此处不赘述。锁口式盘式盒一般尺寸比较大,很多纸箱用此结构。

4.插撒式

插撒式盘式纸盒的盒盖类似于摇翼连续折插式盒的盒盖,它将纸盒的每一个侧板都进行延伸以形成摇翼,且同样各摇翼的轮廓线或折叠线必须通过相交点 O。交点的确定方法与前面讲的摇翼连续折插式盒的方法一致,这里就不再详述,其结构如图 3 - 25 所示。由于插撒式盘式盒比较美观,一般用于一些小礼品的包装盒。

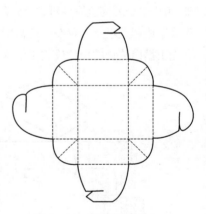

图 3 - 25　插撒式盘式盒

3.5　异　形　盒

我们常见到的纸盒的结构是六面体四棱柱的形式,在实际应用中,为了增加盒子的美观性和展示性,有时也会对纸盒的结构进行一定的改变,使纸盒的结构更加美观,这种不规则的纸盒称为异形盒。

3.5.1 多面纸盒

在产品功能、特点、形态等允许下,将六面体纸盒的面数进行增减,如减为五面体、四面体及三面体,或增加为七面体、八面体及十面体等,若不影响保护功能和成形工艺,这种增减能产生全新的造型感觉。

在产品功能、特点、形态等允许下,可将六面矩形包装进行切角改形,实现增面的效果,如图 3-26 所示。同时还可借助其他变化,形成更加独特的纸盒结构,如切角后会增加线形,将直线改变方向,或改变为不同曲率的弧线,则纸盒的外在轮廓会产生各种变化,如图 3-27 所示。此外,还可以改变包装面的大小比例,形成不规则的几何体包装盒。一般适合于包装一些糖果或小食品。

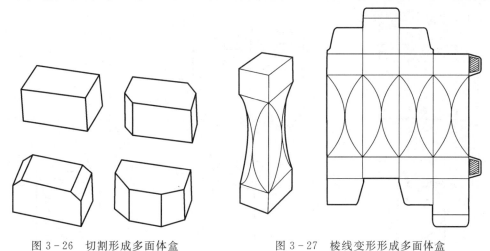

图 3-26 切割形成多面体盒　　　　图 3-27 棱线变形形成多面体盒

3.5.2 盒盖造型改变

由于包装在销售中或使用中所放置的位置主要在视平线以下,所以盒盖是主要的视觉面,其形态的变化对包装盒造型起到重要的作用。

盒盖造型一般可以采用摇翼连续窝进式或曲面正掀式等方法设计成各种不同新的造型,具有很好的装饰效果,这样的结构适合包装一般性礼品或糖果等。也可以在盒盖的地方,专门设计一些立体造型结构作为装饰,如图 3-28 所示。但是,这里要强调的是,无论什么结构的盒盖,一定首先要确定盒盖的功能性,再考虑它的装饰性。

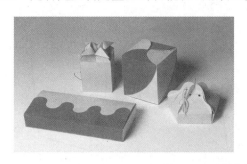 

图 3-28 不同盒盖造型形成异形盒

3.5.3 便携式造型

这种方法主要是通过增加包装的提手,设计成手提式包装,使包装整体造型产生较大的变化。这类包装设计时必须根据产品质量和尺寸大小,以及消费对象考虑,要重视提手的人体工学因素,消费对象为儿童的,把手空间要符合小孩手的大小,大人使用的产品,要选择体形装量较大的产品或装把手的横向尺寸较大的形态,对较重的产品可以使用较厚的细瓦楞纸作包装,如图 3-29 所示。便携式纸盒在设计的时候,提手的设计很重要。设计中一定要重视手把的强度,切口处应取圆角式,避免引力集中而撕裂。手提包装的造型有许多种,应当根据不同的包装主体造型及商品特性考虑,并考虑到结构可以在未包装商品前压扁运输和存储,在包装后把手可折叠压平不影响堆叠。

图 3-29　便携式异形盒

3.5.4　组合串联造型

不同的产品有不同的商品特性和销售方式,有些产品可采用较为生动活泼的包装形式。组合串联造型适合一些小巧玲珑可以成对成串或挂吊销售的商品,这种包装主要通过包装结构设计使单独形态的包装采用纸折叠成形法将单元小包装连接在一起,从而使包装造型发生较大的变化。对一些较大的商品(如酒)可以采用这种连接法,设计成礼品包装。组合串联纸盒的设计与规则纸盒相似,只是根据串联数量及位置的不同在适当位置增加数个侧面及摇翼,如图 3 – 30 所示。

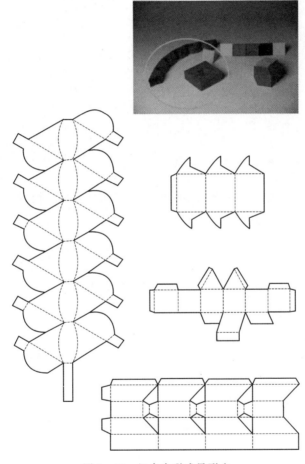

图 3 – 30　组合串联式异形盒

3.5.5　开窗造型

开窗造型的盒子主要能使消费者直接看到纸盒内的产品形态、色彩,更有利于市场销售,同时,利用天窗的造型改变纸盒整体造型感觉,产生包装面的三维立体空间感,也能增加包装的线形对比关系,丰富平板的主视面,由大窗曝露的产品造型与色彩不但具有真实感,而且起到良好的装饰效果和减少印刷面积、降低包装成本的作用。天窗包装设计时要重视天窗的形状变化,有新意,并开在最能表现内装产品主要特征的部位,要注意天窗面积的大小,特别是不能降低包装的强度,失去包装的保护性能,如图 3 - 31 所示。

图 3 - 31　开窗式异形盒

3.6　包装盒制作案例

3.6.1　摇翼连续插入式纸盒的制作

摇翼连续插入式盒盖的结构在前面已经提到。在设计这种结构的盒子时,确定摇翼上的交点是关键。设计制作的要点如下。

1.前提条件

这里介绍的摇翼连续插入式纸盒的设计方法,主要针对端面是正多边形的盒子,即每个顶边(底边)都一样宽。我们称之为正 n 边形摇翼连续插入式纸盒。

正 n 边形摇翼连续插入式纸盒盒盖的相交点,一般选择在其端面正多边形几何中心。如图 3 - 32 所示就是一个正六边形盒盖成型后的俯视图。由图 3 - 32 可知,该盒盖的相交点 O 就是其正六边形的几何中心,且 O 点的位置就在 A 成型角的角平分线 AO 与顶边 AB 的中垂线 OH 的交点上。

对于正 n 边形来说,其 A 成型角

$$\alpha = [180° \times (n-2)]/n$$

式中　α——A 成型角的度数;

n——正 n 边形的边数。

2.设计步骤

(1)确定端面多边形边数 n。

(2)确定 A 成型角 $\alpha = [180° \times (n-2)]/n$。

(3)通过该侧面顶边的一个旋转点,做出与顶边成 $\alpha/2$ 的射线。

(4)做该顶边中垂线。

(5)找出上述两条线的交点,即为该摇翼的相交点 O 的位置。

(6)确定该摇翼的轮廓,确保交点 O 在轮廓的边缘上。可以将(3)中射线的起点与交点 O

连接,将交点处作为内凹拐点,向上绘制有装饰效果的轮廓线,并与该顶边的另一个顶点连接。

(7)用同样的方法绘制其他摇翼的轮廓线。

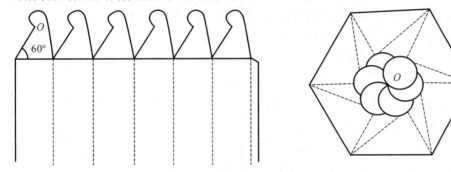

图 3 - 32　摇翼连续插入式纸盒制作

3.6.2　锁底式纸盒制作

锁底式盒底就是将矩形管式折叠纸盒的四个底摇翼设计成互相折插啮合的结构进行锁底。这种结构的设计关键是确定盒底四个摇翼的两个交点。由图 3 - 33 可知,锁底式盒底其实是由摇翼连续折插盒底简化演绎而来的。因为当锁底式盒底结构成型时,O_1,O_2 和 O_3 三点重合,P_1,P_2 和 P_3 三点也重合,也就是说 O 点和 P 点是摇翼连续折插后的两个相交点。

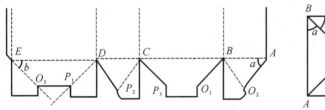

图 3 - 33　锁底式纸盒制作

1.前提条件

(1)两主翼的插口线应选在盒底宽 AB 的平分中线上。

(2)两个相交点因此也一定在盒底宽的平分中线上,而具体位置则取决于副翼角($\angle a$)的大小。从而副翼上的相交点 P 和 O 可以由底边的垂直平分线与副翼角($\angle a$)的交点来确定。

(3)主翼上的相交点 P_1,P_3 和 O_1,O_3 则可由主翼 $\angle b$ 和 $DP_2 = DP_1$,$CP_2 = CP_3$ 得出。在确定相交点后,即可在两个主翼上分别设计出插口和插舌。

(4)对于矩形底的纸盒,$\angle a$,$\angle b$ 确定方法如下。

纸盒的长宽比规定为:

1)当 $1.5 \leqslant L/B \leqslant 2.5$ 时,$\angle a = 45°$,$\angle b = 45°$;

2)当 $L/B < 1.5$ 时,$\angle a = 30°$,$\angle b = 60°$;

3)当 $L/B > 2.5$ 时,则考虑到盒底的固定和强度,应增加插舌的个数。

(5)主、副翼的高度可根据纸盒强度要求由设计者自行确定,但过高则浪费材料,结构上也不协调。

2.设计步骤

(1)确定主摇翼角∠b 和副摇翼角∠a。

(2)确定两主翼插口线位置:做出宽边的中垂线,相交线在此直线上。

(3)确定展开图 3 - 33 中两副翼上的相交点 P_2 和 O_2。

1)画出底边 AB 的中垂线。

2)以 A 为顶点,AB 为底边作∠$BAO_2=∠a$。

3)找出上两点的交点即为 O_2,同理作出另一副翼上的相交点 P_2。

(4)确定主翼上的交点 P_3 和 O_1。

1)以 B 为顶点,作∠$CBO_1=∠b$,以 C 为顶点,作∠$BCP_3=∠b$。

2)在 BO_1 上截取 $AO_2=BO_1$,在 CP_3 上截取 $CP_3=AO_2$。

这样,就确定了以 BC 为底边的主摇翼上的两个相交点 O_1,P_3。

(5)确定另一主摇翼上的相交点 O_3,P_1。

1)以 DE 为底边,分别作∠$EDP_1=∠b$,∠$DEO_3=∠b$。

2)在 DP_1 上截取 $DP_1=DP_2$,在 EO_3 上截取 $EO_3=DP_2$。

这样,就确定了以 DE 为底边的主摇翼上的两个交点 O_3,P_1。

(6)确定各摇翼上插舌的高度。高度越大,牢固性越强。

3.实训目的

(1)熟练掌握管式折叠纸盒锁底结构的设计要点及方法。

(2)理解并分析复杂纸盒结构的合理性及优点。

(3)通过设计与制作纸盒,提高结构设计能力。

4.实训要求

(1)在设计制作之前,先临摹制作 1～2 个锁底式纸盒,加深并理解锁底纸盒成型要点。

(2)盒盖结构不限,盒底必须为锁底式结构。

(3)选用卡纸制作,按准确的尺寸绘画出纸盒的展开图,检查无误后再制作纸盒。

(4)盒子各部位组装成型准确,结构正确。

第4章 包装装潢设计

4.1 包装装潢设计概述

4.1.1 认识包装装潢设计

包装装潢设计是对商品包装中的文字、商标、品牌、色彩进行创意设计,它是商品包装设计的核心。包装装潢设计的内容主要包括文字设计、图形设计、色彩设计。包装装潢设计的目的是宣传商品、美化商品、赢得市场,创造社会效果和经济效益。包装装潢设计是企业品牌形象的具体内容之一,所以很多企业家、批发商、零售商都很注重商品的包装装潢设计的实际效果。

包装装潢设计要紧密结合产品及商品流通环节中各个细节。具体而言,从商品本身出发,包括产品的形态、大小、商标、属性类别、企业的状况等;从设计角度出发,包括创意、图形、构图、色彩、文字、表现技法及元素与元素的搭配关系;从商品的流通环节出发,包括材料、印刷工艺、储运方法、产品的市场生命周期、信誉度、市场占有率、消费对象、消费心理、同类产品的情况、营销方式、社会的文化背景、对环境的影响等。这些元素都是包装装潢设计时的影响因素。因此,在包装设计时只有对内在、外在的条件作周密的调查、综合分析,才能找准设计的突破口和准确的定位。

4.1.2 包装装潢设计的程序

1.包装设计项目确定

承接设计任务后,应按合同规定来确定需要实现的目标与效能。

2.明确商品市场策略

未来产品的定位是首先要明确的,即卖什么;市场要定位,主要消费群体要清楚,即卖给谁;价格要定位(高、中、低价产品);商品目前采用的营销策略,商品所占领的市场份额等,都应有一个初步的、大体的认识和策划。

3.市场调研与收集资料

任何设计都要有广泛而周密的市场调查和相关资料的收集与分析,包装设计的这部分工作主要有以下内容。

(1)市场调查。

1)产品情况调查。这部分主要调查生产单位和产品名称、性能、特点、成分、使用方法、价格、档次、消费对象、销售地区、销售方式、市场占有率、信誉度、综合评价等。

2)同类产品包装情况调查。这主要包括省内外、国内外同类产品的竞争状况;同类商品的包装装潢设计,包括包装形态、规格、文字、图形、色彩、表现技法等;同类商品的市场销售情况,包括商品档次、价格、消费对象、销售方式、市场占有率、信誉、产品生命周期等。其中,装潢设计可用包装效果图或贴彩色照片表示。可再将各设计元素、各细部独立表现,如:商标、标准字体、标准色彩、图形等分别表现,更有利于新包装设计的创意比较,取得成功的把握性更大。每次至少调查5～8件产品。

3)包装产品的发展史。它包括企业状况、技术水平、设备、厂房、资金、原料来源、年产量、发展前景、是否污染环境等。

此外,还要调查消费者对产品的需求和意愿等。

(2)收集资料与整理。资料收集主要有两方面来源:向企业了解产品及企业情况,市场调查收集到的各方一手资料。将这些资料整理、分析,最终提炼出对本次设计有用的数据资料。

4.制定包装设计方案

在制定设计方案时,结合之前市场调查和收集的资料,一方面对本产品的特性有明确的认识,一方面对目前市场上的同类产品的包装设计状况作综合分析,找出其优点和不足之处,还要对所设计的产品与市场需要状况作对比分析。同时,对本产品的目标消费群有明确界定,并了解他们的消费行为特征,比如他们是购物行为类型中的理性还是感性人群,是哪个年龄段的人群等。包装设计一定要迎合特定的消费心理。在明确以上内容后,确定包装设计方案,这一步主要从宏观角度确定下来,比如设计定位角度、设计风格、表现方法等。

5.展开商品包装设计

这是商品包装设计中的主要环节,通过构思、构图,使方案具体化。设计展开是整个"程序"的核心部分,主要包括设计创意和构图,这个部分是设计成功与否的关键。通过构图使设计方案具体化,直到圆满地完成任务。构图包括版面的编排方式,形式美的法则,图形、文字的排列,色彩的应用及表现技法。

6.包装设计方案评审(分析评价)

设计方案(草图、初稿)越多越好,从中评选出优秀的方案。对草图的评审有两种情况:一种是真题草图评审,必须由委托方参与,由设计部门的总策划共同审定;另一种是对习作中命题草图的审定,以指导教师为主导,学习小组或班级为单位进行集中评审,评审的过程也是提高和学习的过程。在评审时,设计者可说明自己的创意思想,同事、同学之间可以进行评议,不断完善构思。以鼓励为主,每项设计的草图约10～20个,草图数量越多越好,说明设计思想活跃,由草图到审稿、定稿有一个反复修改完善的过程。第一次草图仅是一个效果图,第二或第三次草图应达到或接近正稿水平。

7.商品包装设计表现方案确定

以何种方式表现设计内容,是包装设计中非常重要的环节。包装设计的表现形式多种多样,比如摄影照片、绘画、卡通和插画等,当然也可以引入传统文化元素,以皮影、剪纸等艺术形式呈现。包装设计的表现形式取决于设计风格、产品属性和消费对象的特征等多种因素。

8.实施

投放市场、试销,再决定修改与否,最后再决定是否大批量生产。

4.2　包装装潢设计中的要素设计

包装瓶外部的瓶贴、吊牌、包装盒及包装袋等各种形式包装容器外部所有的信息传达元素都是包装装潢设计的内容,具体而言包括图形的设计与表达、色彩的选择与搭配及文字的设计与编排,通常我们把文字、图形和色彩称为包装装潢设计的三要素。以下我们具体来看看包装设计中这三个要素的设计方法。

4.2.1　包装装潢设计中的文字

包装中的文字对包装而言,具有非常重要的作用。首先,包装中的文字能传达产品信息。消费者通过包装上的文字可以认识和了解商品的各种信息,包括产品的品牌、性能、产地和使用方法等,这样有利于消费者购买到自己真正需要的产品,同时,包装上的文字又能成为厂家宣传产品及品牌信息的有利工具,架起了厂家和消费者之间的桥梁。其次,文字也具有美化包装画面的作用。在现代设计中,文字已经不单纯是传递信息,更多的是追求个性化、风格化的形式语言。文字也是体现设计构思的重要工具,它给人直观的视觉印象,给人美的享受。

包装设计时必须对不同的产品、不同的功能,以不同的文字来表达,以风格各异的书写形式来体现设计的内涵,达到准确完美地体现设计的目的。在商品包装设计中,通过文字的象形性、寓意性,来增加文字的感染力和独特的文化内涵。

1.包装设计中文字的分类

包装设计中,文字是非常重要的部分,按照文字传达内容的不同可以分为以下四种类型。

(1)基本文字。基本文字的内容包括商品品牌、商品名称和商品生产企业名称,这三部分内容是销售包装中必不可少的部分。这部分文字一般安排在包装的主要展示面上。名称和品牌要醒目而突出,从位置角度,放在主要展示面的突出位置上,比如中心线附近,或中心线以上。或通过其他方式让它们醒目,比如利用留白或对比的手法来突出这些内容。生产企业名称一般可以放在主要展示面下方或侧面、背面等,主要是要方便消费者查询。至于这些文字的字体选择,一般为了突出商品的名称,要对商品名称进行字体设计,设计时可以从商品的属性、设计的风格或消费对象的喜好等角度出发。品牌标志直接引用该企业规范化的品牌 LOGO。企业名称一般选用易于消费者识别的印刷字体即可。

(2)资料文字。资料文字的内容主要包括与产品属性、特点及包装情况相关的文字信息,例如产品成份、功能、型号、包装的容量和规格等。这部分内容根据产品的属性类别不同,标注的内容有所区别。通常这部分内容比较多,而且对产品信息的传达至关重要,所以一般选择标准的印刷字体,整齐地编排在包装容器的次要展示面。其中,包的容量及产品的型号这些影响消费者购买的关键性内容可以放在产品包装的主要展示面上。这部分内容一定要准确真实。

(3)说明文字。说明文字的内容主要是引导消费者安全而正确使用产品的文字,如产品的使用方法、储存和保养方法、使用中的注意事项等。这部分内容根据商品的类别而有所不同。由于这部分内容文字比较多,一般也以印刷字体呈现,并整齐地安排在包装容器的次要展示面。内容上要求言简意赅,一目了然。

(4)广告文字。包装中的广告文字是指用于宣传内容物特点的推销性文字。面对竞争激烈的市场,广告文字越来越多地被用在商品的包装上。包装上的广告文字一般内容要简洁易记,朗朗上口。可以直接应用该商品广告中的一些广告语。广告文字既要宣传和促销商品,又要美化画面。因此,广告文字的字体可以根据包装的风格进行设计,位置可以放在包装的任何一个展示面。广告文字的设计原则是应该能使商品的属性特征与内容形式达到完美结合。

在商品的销售包装中,基本文字、资料文字和说明文字是必须要有的,广告文字可以根据情况而定。

2.包装中文字的要求

包装中的文字是安排在立体的包装容器上的,在设计包装中的文字时,不仅要考虑文字本身的编排、字体和位置,还要考虑每个包装面上文字之间的协调关系。因此,在设计包装中的文字时应从以下角度考虑。

(1)注重整体感。文字的编排应与包装的整体风格协调。品名文字是包装设计的正面的主体部分之一,所占位置最大,不管字数多少,始终要作为一个整体来处理,横向排列时以扁体字较佳,竖向排列时以长体为佳,避免字距过大产生松散感。广告文字一般小于品名文字,而大于说明文字。厂名、品牌及说明文字等都是包装中最小的文字,在超过一行字时,要做到齐头不齐尾,使文字的排列具有良好的视觉效果。

(2)要注意文字的可识性和可读性。在包装装潢设计中,文字良好的传递功能必须借助文字设计与编排的科学性和合理性来实现。文字编排得过紧过松、过大过小都会影响阅读率,若文字太大且笔画又细时,则文字结构松散,若文字太小且笔画又粗时,字的空间很小,这两种情况读起来都很吃力,在装潢设计中注意把文字的大小与笔画的粗细以适当的比例加以处理。在文字编排中,字距应小于行距。同时,文字的编排要符合阅读习惯:横向编排自左至右,竖向编排自上而下,倾斜编排自左下方向右上方(倾斜角度不超过 45°),有上升感。从可读性来说,还要求文字内容要简明生动、易读易记。此外,字体设计也要具有良好的识别性,可读性。例如书法体的运用要避开一般消费者看不懂的,必要时要进行调整和改进,使其既易于辨认又不失艺术风格。注意对同一名称、内容的字体风格要一致。

(3)要注重文字选择的合理性。在包装装潢设计中合理地选择字体是增强商品个性化的首要条件,是宣传和美化商品的能动因素。总体而言,要求字体要规范、准确、醒目、易于辨识,有主有次。设计作品上字体一般以三种为宜,不宜过多,可以有大小粗细的变化。包装中印刷字体的运用较为普遍。常用的印刷字体有宋体、黑体、楷体、圆头体、综艺体等,不同字体有不同风格,应结合商品的特点来选择。如宋体雍容华贵,黑体粗犷厚重,圆头体活泼有趣,楷体遒劲有力等。字体选择合适,可使人们透过字体的造型特色猜出是何种商品。如电器产品、用具和工具一类产品的包装常用黑体字,拼音用无装饰体;而食品、化妆品等商品常用变体或装饰体,拼音用意大利斜体。前者具有坚实的重量感,后者具有柔和、流动感。对我国传统的土特产包装设计,多用书法体表现出民族特色。

3.包装中商品名称的编排方式

在包装装潢设计中,商品名称是关键的元素之一,灵活多样的商品名称编排可提高设计的感染力,增强视觉效果和包装独特的个性。因此要根据商品的性能、特点和构图的需要,对商品名称进行精心布局,认真推敲。常用的商品名称的编排类型有以下几种。

(1)横向排列。注意在对称式构图和均衡式构图中的位置差别。

(2)竖向排列。为左、中、右三个位置。

(3)倾斜排列。注意在对称式构图和均衡式构图中的位置差别,根据人们的阅读习惯,倾斜方向是从左下向右上,倾斜的角度小于45°。

(4)阶梯排列。在品名文字超过 8 个字时,分行用横向或竖向阶梯排列。

(5)框架排列。在框架式构图中沿框架四周排列品名和拼音字母。

(6)适形排列。将品名文字编排在一定的形状中,如方形、圆形和心形等,从而产生一种活泼而有趣的效果。

(7)组合排列。根据产品的性能特点,将品名文字的笔画加以变化处理,组合成一个整体。

(8)重复排列。为了强化品名文字给人的印象,将品名排列在重复骨骼中,形成虚实之感。

(9)轴心排列。将品名文字围绕一中心排列,形成一个圆弧形或半圆形。

(10)渐变排列。将品名文字作大小渐变或粗细或明暗渐变排列。

以上这些形式仅是一些例子,在实际应用中可以相互结合使用,设计出更多的形式,使编排力求新颖、独特而富有变化。

4.2.2　包装装潢设计中的图形

图形是包装视觉传达设计中的重要组成部分,其在设计中具有强烈的引人注意的作用。它较文字在注意度上:图形占 78%,文字 22%。因此在一个设计作品中,图形设计至关重要。包装上的视觉图形内容广泛,包括人物、动物、风景等。

1.包装中图形的分类

包装中的图形归纳起来,可分为以下几类。

(1)商标。商标是指企业、公司、厂商等从事商业行为,用以区分不同生产者和经营者的商品和劳务的标志。它是企业精神和品牌信誉的体现,在设计时应注意其排放的位置。一般情况下都让商标处在醒目的位置,起到突出的视觉效果。

(2)主体图形。主体图形是包装设计中的关键元素之一,它的内容主要以体现产品特点、彰显设计风格、吸引消费者眼球为目标。一般根据不同产品的特点采用产品自身形象、人物、动物、植物、风景及卡通造型等去体现。通常情况下放在包装容器主要展示面的突出位置上。

(3)相关联的辅助装饰图形。对于主体图形起到辅助装饰的作用,可以利用点、线、面等几何图形以及肌理效果去表现,同时,辅助图形也起到丰富构图画面的作用。

(4)条形码。条形码在销售包装上必须要有。它是一种可印刷的供机器阅读的语言。它以某种特定的规则排列的条幅图表达不同的字母、数字或专用符号。在包装上,条形码的印刷要清晰,色彩对比度要强,保证条形码在处理时有较高的识别率和尽可能低的误识率。条码符号的颜色一般用黑色,最好不要印在蓝色、绿色的载体上,因为这样会给红光光源扫描器识别带来不便。条码一般可印在白、红、黄、橙色载体上。

2.包装中主体图形内容的选择

包装装潢设计中主体图形是设计的核心内容之一。根据设计的定位不同,主体图形的选择角度也很多,以下我们重点来看包装中主体图形内容的选择。

(1)以商品的外观作为主体图形。以商品的外观作为主体图形是以直接、概括、夸张的产品形象作为画面的主体形象,如图4-1所示。在表现手法上多采用以下手段:①用摄影或绘画的表现手法,突出商品的自身形象,画面主体为真实的或抽象的商品形象。这种方法比较直观、醒目、生动,易让人接受,便于选购,多用在食品类商品的包装中。②可以采用包装盒开窗的方法。这种方式能直接向消费者展示商品的形象、色彩、品种、数量以及质地等,使消费者从心理上产生对商品的信任感。开窗的形式和部位是多种多样的。③可以采用透明包装的方法。在包装容器的适当区域甚至全部区域采用透明的包装材料,便于消费者直观地观察和选购消费品。

图4-1 以产品自身为主体图形

(2)以与商品有关的元素作为主体图形。以与商品有关的元素作为主体图形是指在包装的主体图形不以商品自身的形象展现为内容,而是根据设计主题,选择能突出设计核心内容的图形作为主体图形,当然,作为商品的包装,这个主体图形一定是反映与商品密切相关的一些信息,这些信息可以从以下多种角度入手。

1)可以突出产品的生产原料。以产品原料作为包装的主体图形,比如罐头、休闲食品、饮料等对原材料进行二次加工的食品的包装,就多采用这种方法,如图4-2所示。这种做法直接、易记,同时在形象上说明了产品的原料的优良性,从而使消费者在心理上达到对产品的信任。

图 4-2　以原材料为主体图形

2）以产品的产地作为主体图形。包装中让消费者看到产品的出产地的优美风光,会让消费者产生一种"名门闺秀"之感,特别是如果这个产品的产地是远近闻名的地方,就更有说服力了。这种方法多用于一些食品的包装中,如图 4-3 所示。例如一些葡萄酒的包装中就常常将生产葡萄酒的庄园或葡萄园作为主体图形。

3）包装的主体图形可以突出产品的使用对象。当设计的定位角度是以消费者为核心,包装设计的主体图形就可以选择产品的使用对象的形象,如图 4-4 所示。这种方法有利于提升包装的导购的作用,引导消费者快速找到自己需要的产品,有针对性。通常用在一些日用品或鞋帽的包装中。如儿童用品包装中活泼的儿童,女士用品中婀娜的女性,男士用品中绅士帅气的男性,还有老人用品、宠物用品等。

图 4-3　以产品产地为主体图形

图 4-4　以消费目标为主体图形

4）主体图形的内容也可以突出品牌形象。对于品牌树立成功的产品进行包装设计时,可以考虑将与品牌有关的代表性符号作为包装上的主体图形,比如品牌 LOGO、品牌代言人或企业吉祥物等。这种方法可以利用成功的品牌影响力带动产品的销售,建立消费者对产品的好感,从而促进产品的销售。这种方法多用于一些化妆品或奢侈品的包装上,如 Dior,ELEY

和 SK-Ⅱ 等品牌的产品的包装就用这种方法,如图 4-5 所示。这种方法在用的时候要注意构图的艺术性,否则就会给人造成单调乏味的感觉。

5)以体现产品的自身特点的元素作为包装的主体图形。这种方法主要用一些抽象的图形表达产品的某种特性、功能。如在洗涤用品包装上经常出现的波浪、漩涡、泡沫,他们从人的视觉经验出发,有画面使人产生联想,增强产品的美感,如图 4-6 所示。

图 4-5　以品牌形象为主体图形　　　　图 4-6　以产品特点为主体图形

6)以文化元素作为包装的主体图形。在包装设计时,如果以文化观定位,主体图形可以选择一些文化信息浓厚的元素。比如中国传统纹样、地域性强的元素、书法、国画等。这种方法有利于提高包装的文化内涵和品味,适合一些有着地方特色或悠久历史的商品的包装,比如各地的土特产、节日礼品或酒类、茶类等,如图 4-7 所示。

图 4-7　以文化元素为主体图形

(3)以抽象元素作为包装的主体图形。包装设计中,包装的主体图形不仅可以以具象的形式出现,也可以由抽象的点、线、面、体构成。这种抽象图形虽然没有具象图形那么直接,但是,可以传达更丰富的信息,提升包装的内涵。具体而言有以下两种思路。

1)用抽象图案与文字组合构成画面。这种表现形式能营造一种产品的意境,图案本身可能与产品没有直接的联系,但它呈现的画面与所要表达的意思却符合产品的气质。这种表达方法形式感强,比较含蓄,但回味深远,如药品包装、日用品包装等。

2)直接用抽象图案来作为主体图形。这种方法形式灵活多样,常采用一些重复、近似、渐变、编译等的构图方法,演变出丰富多彩的图案。这种方法具有很强的形式感,给设计者提供了非常广阔的创意空间。抽象图形适合用于一些功能多样的工业用品、电子类产品的包装,如计算机、电子书等电子产品,如图 4-8 所示。

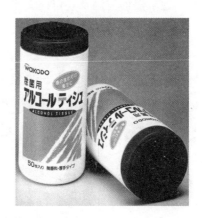

图 4-8　以抽象元素为主体图形

3.包装中主体图形的表现手法

内容依靠形式传达,形式又是内容的体现。在包装设计中除了要求定位准确、构思巧妙、立意新颖、构图严谨外,更重要的是给内容一个可以依托的独特的表现形式。一件设计作品,总存在着创作者与欣赏者两方面的联系,好的构思必须通过好的表现方法呈现在消费者眼前,激起消费者的联想,朝着设计者的设计目的前进。包装设计中主体图形的表现方法主要有以下几种。

(1)摄影照片。照片能带来丰富的视觉体验,特别是彩色照片,更能真实地反映商品的形象、色彩、质感,因此在设计中经常使用,尤其是在食品、纺织和轻工产品上应用广泛。

(2)绘画。在设计表现上,绘画是很重要的表现形式,因为它能很好地发挥设计者的能动性,充分利用艺术的取舍与组合,绘制出既美又真实的图形。同时绘画的方法也多种多样,可供选择,不仅可以运用水彩、水粉等美术表现手法,而且可以利用各种绘画软件模拟水彩、水粉、油画、国画等艺术效果,构成图形。这种表现方法在体现商业味道的同时,达到一种亲切、自然的艺术享受。

(3)漫画卡通。这种表现方式比较灵活自然。卡通本身就利用了一种拟人的手法,给人以活泼诙谐的视觉感受。这种方式比较适合儿童产品、食品、电子产品等的表现。

(4)装饰概括。采用传统纹样或现代的图形进行表现,他们是写实物象上的一种精炼和概括,或强烈奔放,或简洁优雅。

(5)抽象表现手法。这种方法主要运用点、线、面、体等几何基本元素构成各种图形来传达丰富的信息。这种方式不直接反映商品或其相关具体形象,给人概括、时尚的感觉。

(6)夸张概括的表现方式。这种方式强调以变化求突出,不但有所取舍,而且还有所强调,使主体形象虽然不合理但却合情。如我国民间剪纸艺术形式、泥玩具、皮影造型和卡通形式等艺术手法都可以用来表现主体图形,这种表现方式富有浓厚的文化气息和浪漫情趣。

(7)手绘插画的表现手法。在中国传统工艺美术领域中,手绘插画是最原始的一种表现形式,它的观念形态及文化审美等多方面深刻地影响着现代艺术设计。随着时代的发展,包装设计作为现代艺术设计的重要组成部分之一,人们对它的要求除了实用之外,还要求其能顺应现代的审美潮流,追求美的情调及一定的文化根基,手绘插画的表现形式就很好地增加了包装在这方面的表现。如图 4 - 9 所示就是一些手绘插画在包装中的运用实例。

图 4 - 9   以手绘插画为主体图形

4.图形设计的几点建议

在包装装潢设计中,主体图形的设计要注重包装的功能性和实用性,并在此基础上结合形式美法则,设计出优秀的包装作品。为此,我们对包装中主体图形的设计提出以下要求。

(1)要注意准确的信息性。图形是设计的语言,在包装设计中要通过图形来传达产品的相关信息,准确而形象地让消费者了解设计者想要表达的意思。

(2)图形设计要注意鲜明而独特的视觉感受。现代销售中包装实际上也起到了广告的作用,因此在设计时不仅要注意内容物的特定信息传达,还必须具有鲜明而独特的视觉形象。

(3)图形设计要注意有关的局限性与适应性。图形传达一定的意念,对不同地区、国家、民族的不同风俗习性应加以注意。同时也要注意适应不同性别、年龄的消费对象。

(4)在包装设计时,应注意图形与文字之间的相互关系。在某种意义上说,图形在吸引消费者的视觉效果方面,比文字更有魅力,更具直观性。因此,图形的应用与处理应防止安排布局的随意性,防止图文之间缺乏主次,避免“平分秋色”的弊端。

4.2.3   包装装潢设计中的色彩

1.色彩的基本理论

色彩具有三大属性,即色相、明度和纯度。其中,色相指的是色彩的相貌特征和相互区别。因波长不同的光波作用于人的视网膜,人便产生了不同的颜色感受。色相具体指的是红、橙、黄、绿、青、蓝和紫。它们的波长各不相同,其中红、橙、黄光波较长,对人的视觉有较强的冲击力。蓝、绿和紫光波较短,冲击力较弱。明度是指色彩的深与浅所显示出的程度。所有的颜色都有明与暗的层次差别。这层次就是“黑”“白”“灰”。在红、橙、黄、绿、青、蓝和紫七色中,最亮的明度最高的是黄色,橙、绿次之,红、青再次之,最暗的是蓝色与紫色。色彩明度的变化即深浅的变化,使得色彩有层次感,出现立体感的效果。明度越高,色彩越浓、越亮;明度越低,色彩越深、越暗。有彩色的明度,越接近白色者越高,越接近黑色者越低。纯度指的是色素的饱和程度。色彩的纯度体现事物的量感,纯度不同,即高纯度的色和低纯度的色表现出事物的量感就不同。红、橙、黄、绿、青、蓝和紫七种颜色纯度是最高的。每一色中,如红色系中的桔红、朱红、桃红和曙红,纯度都比红色低些,它们之间的纯度也不同。混入无彩色,纯度就会降低,其中,混入白色,明度越高,纯度越低;混入黑色,明度、纯度均降低。

　　色彩可以按组成色彩的色相不同来划分。第一是原色。红、绿、蓝为光的三原色;品红、黄、青为色料三原色。自然界大多数颜色可以由它们调配而成,而它们却不能由其他的颜色调配出来,如图 4-10 所示。第二是间色。间色是指由两种原色调配而成的颜色,又叫二次色。品红+黄=橙,黄+青=绿,品红+青=紫。橙、绿、紫为三种间色。三原色、三间色均为标准色。第三是复色。复色是由三种原色按不同比例调配而成,或间色与间色调配而成,也叫三次色、再间色。由于它含有三原色,所以含有黑色成分,纯度低,复色种类繁多,千变万化,如图 4-11 所示。第四是补色。一种原色与另两种原色调配的间色互称为补色,如红与绿。补色的特点是把它们放在一起,能最大程度地突出对方的鲜艳。如果混合,就会出现灰黑色。

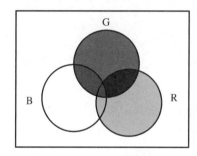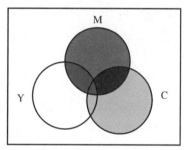

图 4-10　色彩的形成

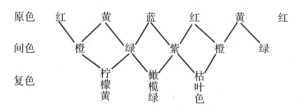

图 4-11　间色

2.色彩在设计中的应用

　　色彩的选择和搭配是设计作品成功与否的关键环节。要想成功地应用色彩,就必须将设计的主题与色彩的不同性质紧密地结合起来。以下我们就来分析一下设计中色彩的一些应用技巧。

　　(1)色彩的对比与调和。俗话说,"红花虽好,需要绿叶相助",色彩只有在对比中才能产生效果。在设计中一定要善于运用色彩的对比来表达设计的主题。色彩的对比包括色相对比、明度对比、纯度对比以及冷暖对比等。如图 4-12 所示,色环中对角线上的色彩就属于典型的对比色。

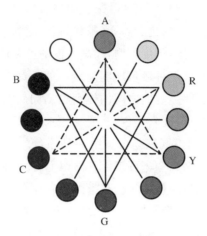

图 4 - 12 色环

设计中运用对比来突出主体,同样需要色彩的调和来突出主题。色彩的调和就是指设计中色彩和谐统一地呈现在一个作品中。如果只有对比没有调和,就会显得过分生硬,你争我夺。但过分强调调和又会使人感到含糊,所以在色彩设计时要控制好对比与调和的关系,这样才能达到良好的效果。

(2)色彩的主调与层次。在设计作品中要有主调,没有主调就会让人感到眼花缭乱,分辨不清信息。主调的营造是由某种颜色在画面上的面积大小决定的。主调色可以是某一个明确的颜色。例如,我们平时说"万绿丛中一点红",说明主调是绿色,有几点红在跳动,很有诗意。同时,主调色也可以是两个色相邻近的颜色组合,如红与橙、橙与黄、蓝与绿及蓝与紫等。在设计中,除了要有主调,还需要有其他一些陪衬的色彩,这就要求设计者组织好各个颜色的主次关系。同时,还要注意颜色间的明度关系,从而使整个画面能够形成鲜明的黑白灰层次,这样的画面才有层次感,不至于让人产生乏味、平淡的感觉。

(3)色彩的温度感。根据自然界中色彩的呈现特点,以及长期以来对色彩的运用,人们赋予了色彩温度感。绿色、蓝色、紫色能给人以文静、清凉近似于冷的感受,我们称之为冷色;而红、橙、黄能给人以热烈、温暖、兴奋近似于暖的感受,我们称之为暖色。在冷色、暖色之间也有一种给人不太冷与不太热的中间色,如色相环上的黄绿色、蓝绿色。冷暖色也有层次关系,有的偏冷,如紫红、柠檬黄、蓝紫,有的偏暖,如桔红、桔黄、蓝绿。冷暖关系是在色相相互比较中产生的。设计中可以利用色彩的温度感来营造氛围。

(4)色彩的重量感。色彩具有重量感,色彩的重量感是由色相的饱和度的高和低在视觉上的呈现而产生的。凡是感觉重的色都是色相饱和度高的色,饱和度低则感觉就轻。如果把白色的心理感觉重量定为 100 g,那么黑色是 187 g、黄色是 113 g、绿色是 133 g、蓝色是 152 g、紫色是 155 g、灰色是 155 g、红色是 158 g。设计中可以利用色彩的重量感来平衡画面。

(5)色彩的距离感。色彩具有距离感,远和近的距离感是由于色彩的冷暖关系作用于人们的视觉感受而产生的。一般冷色给人以远的感觉,在自然界蓝色的群山就给人远的感觉;暖色则给人以近的感觉。在设计中,可以利用色彩的距离感来增加设计作品的空间层次感。

（6）色彩的体积感。色彩具有体积感,色彩的体积感表现为膨胀感和收缩感。它是由色彩的明度不同而在视觉上产生的。一般,膨胀色明度高,呈现出的色彩偏淡;收缩色明度低,呈现出的色彩偏深。色彩的淡与深通常是相对而言的。例如,灰色与白色相比,灰色就呈收缩感,而灰色与黑色比,灰色又呈现膨胀感。设计中我们利用明度不同的色彩平衡画面,传达设计主题与内涵。

（7）色彩的味觉感。色彩具有味觉感,日常生活中人们根据自身的生活体验,赋予了一些颜色一定的味觉。一般说来,黄色、橘色具有甜味;绿色具有酸味;黑色具有苦味;白色、青色具有咸味;黄色、米黄色具有奶香味等。在食品包装中,利用色彩的味觉感来选择颜色是十分常用的。例如,人们一见到清淡的黄色用在蛋糕上,就会感到有奶香味。不同口味的食品,采用相应色彩来包装,能激起消费者的购买欲望,取得良好的促销效果。如图 4 - 13 所示是一些色彩味觉感在包装中应用的案例。

图 4 - 13　色彩的味觉感在包装中的应用

（8）色彩的华贵与质朴。一般纯度和明度较高的鲜明色,如红、橙、黄等颜色具有较强的华丽感;而纯度和明度较低的沉着色,如蓝、绿等显得素雅。前者可用于礼品、工艺品定做用,后者可用于医药品。同时色相的多少也起一定作用,色相多显得华丽,色相少显得朴素。如图 4 - 14所示是色彩的华贵感在包装中的应用。

图 4 - 14　色彩的华贵与质朴在包装中的应用

与此同时,色彩中的冷和暖、轻和重、远与近、胀与缩,以及色彩的明与暗、强与弱,既说明色彩的性质,也是人们心理和视觉情绪上的反映,是一种感觉对比。这种色彩的对比有强烈的视觉效果,极富有宣传性。

3.包装设计中色彩应用的要求

鉴于色彩所传达的感情与联想,在设计中应根据具体产品的属性,选择不同的色彩和色调。日本色彩学专家大智浩曾对包装的色彩设计做过深入的研究。他在《色彩设计基础》一书中,对包装的色彩设计提出以下八项要求。

(1)包装色彩能否在竞争商品中有清楚的识别性。

(2)是否很好地象征着商品内容。

(3)色彩是否与其他设计因素和谐统一,有效地表示商品的品质与分量。

(4)是否为商品购买阶层所接受。

(5)是否是较高的明视度,并能对文字有很好的衬托作用。

(6)单个包装的效果与多个包装的叠放效果如何。

(7)色彩在不同市场、不同陈列环境是否都充满活力。

(8)商品的色彩是否不受色彩管理与印刷的限制,效果如一。

随着商品经济全球化的发展,有些商品远销国外各地区,这就要求设计师在进行设计之前,要做好充分深入调查的准备。鉴于色彩在包装设计中占有特别重要的地位,在竞争激烈的商品市场上,要使商品具有明显区别于其他产品的视觉特征,更富有诱惑消费者的魅力,刺激和引导消费,以及增强人们对品牌的记忆,选择和搭配色彩至关重要。

4.包装设计中色彩应用的一些建议

在市场竞争日益激烈、物质生活日益丰富的今天,商品包装的宣传及促销功能越来越重要。据英国一项市场调查表明,家庭主妇到超级市场购物时,由于精美包装的吸引而购买的商品通常超过预算的 45% 左右,同时资料分析还表明在包装与人们接触的过程中,在视觉感官最初的 20 s 内,色彩感觉占 80%。从这些资料可以看出,色彩作为包装艺术设计的重要表现元素之一,已成为宣传商品形象、沟通商品与消费者进行情感交流的有效途径。

包装设计中色彩的运用有着非常丰富的内容及多变的形式。它涵盖了色彩的物理、生理、心理效应及美学原理,是自然色彩、社会色彩和艺术色彩的统一。为了更好地发挥色彩在包装艺术设计中的重要作用,我们有必要对包装设计中色彩的运用进行归纳与研究。

(1)形象色的运用。所谓形象色是指商品包装的主色调采用与商品直接相关的实物的色彩。如:我们常见的高橙、咖啡、茶等饮料包装的主色调通常为橙色、深灰色、绿色,就是形象色的典型运用。

从功能出发,包装的重要作用之一是宣传产品,引导消费者快速了解商品,最终购买商品。而形象色的运用,使消费者几乎一看包装的色彩,便知是何种产品,具有极强的直观性,这样在一定程度上达到加快商品销售、方便消费者购买的效果。但对形象色的运用应该注意一些问题,首先,应结合商品自身的特点,使形象色对商品的宣传起到积极的作用。其次,应综合考虑色彩的心理效应、视觉效应,使之与商品的包装有效融合,从而达到良好的宣传效果。例如,茶叶的包装中,绿色常常是首选颜色,因为首先绿色本身是茶树的颜色,许多茶叶冲泡后也会呈现绿色,而且在绝大多数人们的生活经验中,绿色也是茶给人的第一视觉印象。同时再从色彩自身特点分析,绿色是生存本能的颜色,它对人心理上的安静和修养有着积极的作用。综合分析可以表明,茶包装中形象色的运用是比较恰当的。再如,如图 4-15 所示,很多果汁类饮也常在包装中选用形象色,比如橙汁以橙色、黄色为主,桃汁以桃红色为主,葡萄汁以紫色为主、苹果汁以绿色为主等。运用这些色彩不仅能够帮助消费者很快区分和选择不同口味的商品,同时也能引导消费者联想到水果的新鲜与营养,准确地接收商家通过包装所要传达的商品信息。同时,这些色彩自身也具有鲜艳、明快及视觉冲击力强的特点,这与商品的特色也很相符。

总之,正确地运用形象色对快速引导消费、提升包装的促销功能起着非常重要的作用。

图 4-15　形象色在包装中的应用

(2)象征色的运用。由于色彩的性能与产品和企业的特点能够借助人们的观念、认识和共同的心理联想进行沟通,因此在包装色彩设计中可以选择这些代表性色彩作为主色调。这些色彩即为象征色。

在纷繁复杂的商品经济环境中,商场货架上的商品包装本身就是树立企业形象的无声广告。对象征色的运用正是对包装这种无声广告作用的突出。包装设计中象征色的运用可以分为两种形式,第一,是利用产品长期以来在人们观念中形成的一种习惯性、代表性的色彩联想。这一点就好比象征色在我国古代民间艺术中的运用,如大家所熟悉的戏剧脸谱,用不同的造型和色彩表现了不同的人物个性、特点。红脸的关公表示忠臣,白脸的曹操表示奸臣,黑脸的包公表示铁面无私。在商品包装中这种形式的象征色运用十分广泛。再如,红色包装的药物暗示产品的滋补性,而蓝色和绿色包装的药物则暗示产品的消炎、清热性,绿色的食品包装则是商品纯天然和无污染特点的象征,等等。

另一种象征色来源于企业的宣传,即通过长期的营销策略,企业树立起了自身的个性形象,同时也逐渐形成了具有企业代表性的色彩。很多著名企业都成功地将这种象征色作为商品包装的主色调,获得了良好的社会效益。如图 4-16 所示,美国可口可乐公司的"可口可乐"饮料包装,虽然图案在不断变化,但其包装的主打色红色却一直未变。因为红色是运动的色彩,也是可口可乐公司永葆蓬勃朝气的象征。再如,广东珠海康奇公司一直用蓝色代表着企业的高科技形象。该企业的主要产品"脑白金"的包装中就选用了蓝色为主色调。同样,美国柯达公司用象征希望、喜悦和思念的黄色作为企业的代表色,他们以这种色彩作为产品包装的主色调,使人们一选到黄色包装的胶卷就会很自然地想到能给人留下永恒灿烂形象照片的美国柯达公司。此外,像百事可乐公司产品包装中的红蓝两色,富士公司胶卷包装中的红、绿、黑三色都是象征色的成功运用案例。

图 4 - 16　象征色在包装中的应用

　　总之,象征色在包装中的运用使商品在销售的过程中无声地宣传了企业,同时又利用企业良好的形象促进了商品的宣传与销售。

　　(3)情感色的运用。美国色彩研究中心曾作过一个试验,研究人员将煮好的咖啡分别装在红、黄、绿三种颜色的咖啡杯内,让十几个人品尝比较。结果品尝者们一致认为咖啡的味道不同:绿色杯内的咖啡酸,红色杯内的咖啡味美,黄色杯内的咖啡味淡。从中我们可以看出,不同色彩在带给人们不同视觉效果的同时,也会带给人们不同的心理效果和情感效果。而这些色彩的情感效果在包装中的运用,能够在一定程度上左右人们对商品的看法。由此可见,包装设计中充分考虑色彩的情感性是十分必要的。

　　包装设计中对情感色的运用主要有以下两种形式。

　　一种来源于主观感情,即根据个人的主观意识产生的感情,决定了他们对色彩的评价。这种情感色的运用应从分析消费群体的特点出发,其中考虑的因素很多:首先是年龄的影响。根据心理学的研究,儿童大都喜爱鲜艳的颜色,而随着年龄的增长,阅历的增加,人们所喜爱的色彩逐渐趋向于成熟和柔和。其次是消费者职业、文化的影响。如体力劳动者喜爱鲜艳的色彩,脑力劳动者喜爱柔和的色调和色彩,高级知识分子则偏爱复色、淡雅色、黑色等较成熟的色彩。第三是消费者民族、风俗习惯、生活方式等方面的影响。如藏族以白色为尊贵的颜色,而忌用淡黄色、绿色;满族人喜爱黄、紫、红、蓝色,而忌用白色等。因此,在包装设计中选择色彩时,充分考虑消费群体的喜好及特点是十分重要的。例如,一些针对儿童的商品其包装用色以红、黄等鲜艳的颜色为主,穆斯林民族的商品包装则多选用他们民族所喜爱的绿色。

　　另一种取决于客观情感,即根据多数人对色彩效果的普遍认识,使色彩自身具有了特殊的情感信息。这一点主要表现在以下几方面:首先从色彩的明暗考虑,如明调,给人以亲切、明快的感觉;暗调,给人以朴素、庄重的感觉;灰调,给人以含蓄、柔和的感觉。其次从色彩的冷暖特性来表现,如暖调,给人以温暖、热情的感觉;冷调,给人以清凉、沉静的感觉。再次从色调的不同来考虑,如高调,给人以轻盈、活泼、淡雅的感觉;中调,给人以朴素、丰富、稳定的感觉;低调,给人以沉闷、安定、庄重的感觉。此外,色相的不同给人的心理感觉也有明显的差别,如红色,给人以喜庆、兴奋、热烈、刺激的感觉;橙色,给人以兴奋、温暖、烦躁的感觉;黄色,给人以舒适、生命、安全的感觉;蓝色,给人以宁静、清爽、冰凉、理智、保守的感觉;紫色,给人以华丽、娇艳、忧郁的感觉等。对于这种情感色的运用在包装设计中是十分普遍的。如一些礼品的包装中多选择以红色为主,传达出节日祥和喜庆的意义;药品及冷冻食品的包装用蓝色比较多,给人一种清爽的感觉;高档商品的包装以深紫色、金色运用得较多,传达出商品高贵华丽的特点。

了解了色彩所具有的感情因素,在包装的色彩选择中,应以消费者为中心,遵循人们长期以来对色彩所形成的共性认识和个性爱好,选择色彩时以能引起消费者的注意和喜爱为出发点,使消费者产生购买欲望,最终达到促销商品的目的。

(4)特异色的运用。特异色是指在进行色彩设计时,克服常规的色彩思维模式,运用逆向思维方法,从多角度、多视点综合考虑色彩的选择。特异色在包装色彩设计中的运用有着广阔的前景。

首先,从信息论的角度来看,包装色彩的应用,一是要迅速传递商品信息,快速引起消费者注意;二是要防止商品在市场销售中产生信息干扰,以达到明显区别于同类产品的效果。其次,从消费者角度考虑,随着人们物质及精神生活的日益丰富,其审美情感也不断发展变化,他们更加倾向于具有个性化的色彩组合,渴望在包装的色彩中找到奇特、与众不同,找到一种新奇的感受和绝妙的体验。正是基于此点,很多包装在大胆使用特异色后达到了很好的预期效果。

如图 4-17 所示,"娃哈哈"纯净水的包装设计,一改夏日饮料以冷色调为主的大众化设计思路,从反常规的角度出发,大胆地选用了暖色系列的红色,成为很有代表性的成功包装之一;再如一种茶叶的包装中,采用黑色作为主色调,迎合了消费者的好奇心,从充满绿色包装的茶叶商品中脱颖而出,使该茶叶销量大增。但是,对于特异色的使用一定要谨慎,不能只是一味地"求新""求异",而丢掉设计的基本原则。在选用色彩时,要注意结合产品的特点和相关色彩自身的情感内涵。例如,上述纯净水包装中选择红色,是综合考虑到红色让人联想到红彤彤的炎热夏日,进而联想到清凉可口的纯净水。而茶叶包装选择黑色,也是基于对色彩自身内涵及消费者心理因素的综合分析,考虑到越来越多的人们认识到黑色食品的滋补性,黑色逐渐变成了天然富有营养与深沉厚重的象征色,使人联想起中国古代的五色论中的黑色为北方、为水、为先天之本的理论。可见,只有将产品特点和色彩运用很好地结合起来,才能使特异色在包装中的运用对商品销售起到积极的作用,达到预期的效果。

图 4-17　特异色在包装中的应用

总之,在包装中使用特异色时,要求摆脱传统色彩观念的束缚,运用设计新视点创造出色彩设计的新感觉、新样式,使包装商品在竞争中独树一帜、脱颖而出,而要成功地运用特异色则需要更为复杂全面的设计构思。

色彩是人类思想的载体,是商品包装的灵魂与精髓,是使一个品牌脱颖而出的有效利器。在包装设计中,应综合考虑多种因素,使包装色彩对消费者的视觉和心理都形成强大的冲击力,进而激起消费者强烈的购买欲望。而要达到这一点,就要求设计师在探寻色彩运用的普遍规律中,针对具体情况,灵活设定色彩计划,综合考虑多种形式色彩在包装中的运用。

4.3 包装装潢设计的创意方法

包装装潢设计创意是一种创造性的思维活动。它是指设计者运用已有的知识、经验、记忆、感觉及综合分析的能力,通过联想最大限度地发挥自己的创造性。创意过程是一个艰苦细致的分析、研究、发现、创造的复杂过程。创意具有独特性、想象力、情节性的特点。

4.3.1 智力激荡法

智力激荡法又称头脑风暴法,即围绕命题做出多维思维活动,在大量的构思中,集中筛选出最佳构思。这种方法是 20 世纪 30 年代由美国心理学家奥斯本提出的,它是设计团体用于激发创造性思维活动的方法。这种方法是集思广益的过程,曾在相当长的一段时期内被发达国家的设计部门广泛采用,效果卓著。

智力激荡法在运用过程中需要遵守四条规则:第一,要允许每个成员都毫无顾虑地提出任何想法,不做任何条条框框的限制。第二,在创意过程中,鼓励团队中的每个人要进行大胆联想,这是一个发散性思维的过程。第三,在创意过程中,提出的想法越多越好。第四,把所想到的创意方案组合、筛选,并选择出优秀的创意加以完善。可见,智力激荡法实质上是一个集思广益,以量求质的过程。

4.3.2 设计定位法

设计定位法始于 20 世纪 70 年代,它将创意中的发散性思维加以具体化,指明一定的思考方向。这种创意方法比较容易把握思路,表现的内容确定,关键在于设计师对定位选择的合理性与独创性。这里我们重点讲讲这种方法在包装装潢设计中的应用。

包装装潢设计中,在解决定位问题时,要明确三大核心内容。第一是明确谁家的产品,即谁卖。包括生产企业名称、规模,企业文化、企业 VIS 系统等。第二要明确包装内是什么样的产品,即卖什么。这就要明确产品的性能、特点、成分、历史、产地、使用方法、加工技术、原材料等。第三要明确产品卖给谁,即谁买。就要求充分了解使用者的年龄、性别、地区、职业及范围(个人、家庭和团体)等各项因素。

随着时代的发展与诸多因素的影响,我们应该从多角度去考虑包装设计的定位。具体可以从以下定位角度完成包装设计的创意。

1.设计定位的文化观

包装设计不仅是设计一种产品,而是设计一种
生活方式,一种文化。在物质极大丰富的今天,人们
在追求物质满足的同时,更加渴望精神上的满足感。
需要有一种具有文化品味的包装,能够使消费者产
生一种情感上的共鸣。产品的文化定位来源于产品
的文化风格,使用者的文化心理,以及他们之间所体
现出来的文化精神。所以,我们在进行包装设计时,
不仅要考虑产品自身的使用、审美和销售功能,还要
赋予产品一定的文化魅力。文化的内容可以从三方
面来挖掘:第一,从企业的文化入手。针对一些历史
悠久的企业,例如一些中华老字号,或影响力很广的
企业等,它们一定有明确的企业文化定位和企业精

图 4-18　文化定位观在包装中的应用

神。在包装设计时,可以以此作为文化内容展开设计。第二,从产品自身文化入手。有一些产
品是与长期的或某一阶段的历史文化同生同长的,比如茶叶、白酒以及一些土特产品等,在进
行包装设计时,可以以此为切入点展开设计。第三,从消费者购买或使用产品时所追求的一种
精神需求或文化氛围着眼。在设计中通过一些文化元素的使用,来传达美好的祝愿,营造积极
舒适的心理感知氛围。比如一些节日传统食品,节日礼品等的包装就可以从这方面展开设计,
如图 4-18 所示中酒的包装。

2.设计定位的产品观

产品定位标明了"我是什么"。在市场竞争激烈的环境下,通过产品定位能够使消费者清
楚地了解产品的特点、应用范围和使用方法,可以从以下三个角度考虑。

(1)厂家的性质、生产方法和设备、技术、生产
规模等因素。

(2)产品的差异性,指不同的产品的造型、色
彩、功能、价格和质量等内在和外在的特点。

(3)该企业在同行业中的地位和竞争对手的情
况。在具体确定时,要找到在这些内容里,该产品
最突出的或与众不同的点,并从此点出发,展开创
意设计。如图 4-19 所示,三精企业的口服液产品
在包装中就抓住了该产品生产包装时应用的"蓝波
技术"的独特之处,在包装中通过图形和文字,表现"蓝瓶"这一主题内容。

图 4-19　产品定位观在包装中的应用

3.设计定位的商品观

在产品的商品化进程中,设计活动只能围绕市场而定位。包装设计的商品观是指以市场
为准绳展开分析,使设计目标清晰化,从而确定商品的定位。可以从以下五个角度考虑。

(1)可从品牌、商标及价格等商品的属性考虑。

(2)商品的包装策略,如基本功能与货架效应。

（3）商品的销售渠道。一般情况下商品要经过厂家—代理商—批发商—零售商后才能到达消费者的手中。

（4）销售场所和方式，如柜台、橱窗及超市货架等。

（5）商品的陈列方式，是特定的销售点还是按厂家分开陈列或按类别混在一起陈列。

4.设计定位的消费观

产品包装的商品化不是设计的最终方向，是为了给广大消费者提供称心如意的消费品，消费品的好坏直接影响到消费者以后的购买行为。包装设计定位的消费观是指从消费者角度出发，分析其消费行为、特征和喜好，来确定包装的定位。可以从以下五个角度考虑。

（1）消费对象，包括消费群的性别、年龄、身份、职业和文化程度等。

（2）消费者的经济情况。

（3）消费方式。

（4）消费地域，包括地理、气候、节日、社会习俗和宗教信仰等。

（5）消费行为，消费者的购买心理、生活方式、个性特点和喜好等。

以上各定位设计观，可以单独应用，也可以在具体的设计实践中相互配合、呼应，从而实现高效的包装设计定位。

4.3.3　传统创意法

传统创意法是指在包装设计创意时，仅仅围绕我国传统文化元素，结合商品，挖掘既体现产品特点又能突出文化内涵的设计思路。通过传统文化特有的艺术魅力和深邃的文化、丰富的想象，提升包装设计的文化内涵和品味。在具体运用时，我们可从以下角度展开。

1.象征寓意法

象征寓意法是指用有形的元素来表达丰富的无形的内容，这里无形的内容主要指某种情感、精神、意志和愿望等。有形的元素指用"花好月圆""喜鹊登梅""松鹤延年""龙凤呈祥"等图形表示对美好生活的向往；用"哪吒闹海""嫦娥奔月""牛郎织女"等典故或神话故事作装饰图形，表达人们对正义的歌颂，对邪恶的憎恨。这种方法的运用具有浓厚的文化气息，使人产生怀古思乡之情。如图 4-20 所示月饼的包装盒上，以图形的形式将"嫦娥奔月"的神话故事作为设计主题，传达了节日里一份美好的祝愿。

图 4-20　象征寓意法在包装中的应用

2.书法艺术的运用

中国的书法艺术渊远流长,它是以点、线的变化构成一种形体美和动态美的造型,以此来表达特定的思想感情和含意。在包装设计中,我们可以将书法艺术用于其中,以提升包装设计的文化内涵和品味,从而提升包装的附加价值。如图 4-18 所示中酒的包装,以洒脱的书法字体"苗魅",展现了产品的名称,从舒展的每一笔里,可以看到饮酒时的洒脱与不羁,同时以众多与传统文化有关的纹样作为辅助图案,突出了书法艺术中"书画同源"的艺术性。整个包装让人感觉到浓浓的文化气息与艺术氛围,无形中提升了包装的品味。

3.传统装饰纹样的运用

传统纹样是指由历代沿传下来的具有独特民族艺术风格的图案。我国传统纹样源于原始社会的彩陶图案,已有 6 000～7 000 年的历史。可分为原始社会图案、古典图案、民间和民俗图案、少数民族图案等,比如常用的彩陶纹、卷草纹;还有龙、凤、饕餮纹、夔龙纹等图腾纹样等。将这些纹样用于包装装潢设计中,既能传达美好祝愿,又能增加包装的文化气息及艺术美感。这类纹样一般用在土特产品、节日礼品及中成药的包装中。如图 4-21 所示的礼品包装中,主体图形红色圆及黑色长方形以毛笔笔触的表现方式组合,形成了抽象的中国结图形,传达了美好的祝愿,同时中间的红色圆形中以书法形式书写了产品名称,形似传统的印章图案,再配合书法书写的广告文字及水墨画的背景使整个包装散发出浓浓的中国文化气息。

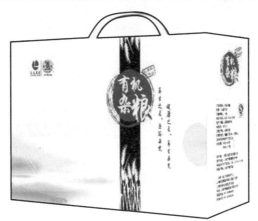

图 4-21　传统纹样在包装中的应用

4.4　包装装潢设计的构图

包装装潢设计构图是将创意所产生的设计意图用形象元素和关系元素进行合理巧妙的编排组合。设计的创意和构图是一个不可分割的整体,是一种情感与理智的微妙平衡。包装装潢设计中的构图包括版面的编排方法、文字的编排方式及色彩的运用等。

4.4.1　包装设计中构图的基本要求

包装设计中的构图要紧密结合包装容器的造型结构,特别是主要展示面的构图一定要合理巧妙,突出重点,具体而言,要注意以下基本要求。

(1)要强调整体感。构图不要太具体的形象描画,用简单的点、线、面代替文字、图案的位置、大小、色彩关系。要注意包装体上六个面的大局关系、连续关系,不要有孤立、烦琐之感。这种整体感不仅指单个包装盒的整体效果,同时必须考虑商品的货架展示的整体效果。

(2)要处理好主次关系。在画面设计中,通常把一个商品形象或一组文字作为主体,放在最显眼的地方,这虽然符合主题的需要,但如果没有其他元素陪衬就会显得单调。反之,如果陪衬太多或太突出,又会喧宾夺主。因此,要使主体与陪衬相互呼应的同时,做到主题突出,宾主分明。以包装盒外部的装潢设计为例,在包装设计的主要展示面要将品名、商标、批准文号、图形、企业名等文字和图形信息安排进去,在侧面或背面要安排产品说明、企业地址、电话、邮编、条形码、广告语等必须具备的信息。在构图时先布大势,用点、线、面代表文字、图形和商标的位置,把主次、大小、前后、疏密、比例、空间和位置等关系编排好,再进一步刻画出具体的图形和文字。在构图中对主要展示面的选择有不同的方法。第一种是将正反两个面作为主要展示面,侧面安排说明文字和企业有关信息、广告语、条形码等。第二种是将前、左、右、上定为主要展示面,背面安排说明文字。第三种是针对一些中高档商品注重外包装的整体效果,一般不排说明文字,而将说明书放置盒内,以示慎重,增加消费者对产品的全面了解。

(3)注意构图中的对比与协调。构图中如果没有对比就会显得单调平淡。对比在构图中主要表现为疏密、虚实、前后、大小、曲直等。正确运用对比关系可以使画面完美,重点突出。同时,构图中的协调也是必不可少的,如果只有对比而忽视了协调,画面中各元素就会显得格格不入。构图时必须使各元素看上去是一体的,而不是随意碰巧堆放在一起。设计元素中的图形、文字应与主体相呼应、协调,保持对比关系。例如离中心较远的,图形、文字要小于主体的图形与主要的文字,明暗对比关系也应较弱。

4.4.2　构图的基本方法

设计中的构图方法,古今中外的艺术家和设计家都从不同角度进行过潜心研究,并总结了许多宝贵经验,以下结合包装设计的独特性,介绍一些常用的构图方法。

1.传统构图法

传统构图法是最常用也是最早使用的构图方法之一,其中有两个基本构图思路。

(1)对称式构图。这种构图方法是将构图画面进行等形等量的划分,通常分为左右对称或四面对称。左右对称也称轴对称,四面对称也称中心对称。它的特点是有严格的中轴线或中心点,图形和文字的编排需受其限制。这种构图方法的特点是给人一种庄重、稳定、丰满、严谨之感,但若处理不当则会产生呆板之感。在包装设计中,主要展示面的构图经常采用这种方法,主要表现为上图形下文字、下图形上文字、中文字上下排图形和文字压在图形上几种形式。商标安排的位置是左上、右上或上中比较合适,厂名安排在最下方。

(2)均衡式构图。这种构图方法是将画面进行形式上不对称但心理上对称的划分。常用到的划分方法是等量不等形划分(即以数量求平衡)和以距离求平衡划分(即大的元素距中心近,小的元素距中心远)。均衡式构图灵活性强,变化性大,若处理不当会产生杂乱无章之感。

在包装设计中,主要展示面上主体图形与商品名称的位置构图可以运用此方法,得到多种构图形式,比如左上文字,右下图形;右上文字,左下图形;左下文字、右上图形;右下文字、左上图形。

对称和均衡的形式不仅是具体的构图方法,也是形式美的重要法则。因为这两种方法从本质上反映了大自然中普遍存在的规律,符合人们的视觉心理的要求,所以在平面设计中得到了广泛运用。

2.点、线、面的构图

点、线、面的关系从本质上反映了大自然中普遍存在的对比统一的关系。一般在一个构图中,点、线、面的成分兼而有之才能得到视觉上的满足。在特定的场合,有以点为主、以线为主或以面为主的构图格局。在现代包装设计中,点、线、面既可以作为形象元素直接构成设计,也可以像代数中的字母,由它们代替一切具有点、线、面性格的图形和文字。线的分割可以形成各种不同的构图骨骼,编排不同的图形和文字。

(1)点的构图。点的构图可分为自由式排列和规律性排列两种。自由式排列中的点的数量不限,但要注意点的主次、大小、疏密、方向、位置的变化。构图中各元素排列没有严格的格式,看似无序实则蕴藏千秋,聚散有序。这种构图形式自由、奔放,空间感强,但如果处理不当会造成凌乱的感觉。这种构图形式常用于饮料、清洁剂、药物等商品的装潢设计。点的规律性构图中,点按一定的位置和骨骼线编排。如点的向心密集、离心密集、向线密集、离线密集,点的渐变排列、旋转排列、发射排列、重复排列等。在包装设计中,这种构图如果用抽象的点可表示光学、电子产品等含意。如果用某个具有点特征的具象物(如糖果),当然就直接为那个产品的装潢设计了。

(2)线的构图。线的构图包括自由线的构图和规律线构图。首先,自由线指徒手绘制的自由线形与偶然线形,通过粗细、长短、疏密、主次、明暗及位置的处理,达到特定的视觉效果,表现特定主题。在包装设计运用时,注意不同线型所具有的心理感受,比如曲线有流动、亲切、柔软之感,表示云、水、气、味等,适合用在饮料、食品、清洁用品、化妆品的商品的包装中。而直线有畅通、连贯、力量、理智的感觉,适合用于工业用品、日常用具等商品的包装中。其次,规律线的构图格局,指用不同方向、性质、数量和粗细的线组成重复、渐变、放射、旋转等形式的构图。这种线的构图表现出严格的规律性,不同的规律表示特定的内涵,比如放射线表示声、光、电;渐变线表示运动、时空的变化;折线表示电波、声波;等等。规律性线形可用于现代高科技产品的包装装潢设计中。

(3)面的构图。面的构图分为自由式和规律性。面的形象可分为抽象形和具象形。抽象形包括各种几何形、徒手形和偶发形;具象形包括各种动物、植物、人物、风景、建筑物、工具和用具等。首先,来看自由式排列。自由式面的构图中面的数量不等,位置编排的变化比较大,若包含一个面,则排在视觉中心,两个面以上则需注意大小、疏密、主次、方向及位置的变化。常用的编排形式有散空式、三角式、垂直式、水平式、重叠式、阶梯式、交叉式和S式等。根据装潢设计的内容选择合适的构图形式。其次,来看面的规律性格局。面的规律性构图完全由规律性骨骼所限制,如在重复或渐变骨骼中的面即为重复的面和渐变的面。在包装装潢设计中面的构图是最常用的。

3.分割式构图

分割式构图法始于 20 世纪 20—30 年代的德国包豪斯时代,由于这种构图方法的严谨性和科学性,使人产生视觉的舒适感和秩序感,同时由于这种构图方法易于掌握并可灵活运用,因此迅速流传到世界各国,为设计师们广泛采用。目前在装潢设计、广告设计、展示设计、封面设计等领域均被广泛运用。

在包装装潢设计中对画面用不同的分割形式编排文字区具有强化设计主题,消除单调,增强视觉效果的作用。

分割式构图包括以下三大类。

第一类是自由分割。这是一种非数理性的分割,按设计需要可采用任何一种线形来分割画面,如水平分割、垂直分割、折线分割、倾斜分割、重叠分割、框架分割、弧线分割、曲线分割、中心分割、综合分割等,然后再安排文字和图形。直线的分割构图适宜用于服装、日用品等包装装潢设计中;弧线和曲线分割适宜用于食品、糖果等休闲类商品的包装装潢设计中。

第二类是数理性分割式构图。这种分割包括相等分割、不相等分割、数学级数分割。其中,相等分割有单向等分分割和双向网络等分分割;不相等分割包括按比例同时作水平垂直分割,比如三等分、四等分、五等分等;数学级数分割构图是按数学中的等差等比的关系来分割画面,安排图形后形成有节奏韵律和秩序的构图格局,其构图的变化大,分割的方法多,可适宜多种需要。

第三类是黄金分割。这种分割是在画面中利用黄金分割比例的方法,将画面进行若干个具有黄金比的面的划分。在包装设计中,可以在画面的黄金比的位置安排主体图形和品名文字,使之成为视觉中心。

分割式构图,无论采用什么线形和分割方法,在设计中都具有三层作用:第一,分割线作为骨骼线用,编排适当的图形;第二,分割线是面的边缘,将画面分成若干个独具个性的面;第三,分割线既是骨骼线也是面的边缘,在分割面中安排图形或文字。

4.4.3　构图中的形式美法则

无论使用哪一种构图方案,要达到预想的设计效果,都必须遵循一定的形式美的法则,这种法则是宇宙万物普遍存在的规律。以下我们来看看常用的形式美法则在构图中的应用。

1.对比统一

对比指设计元素的形状、位置、色彩、数量的差别。如形状对比有方-圆,大-小,长-短,粗-细,曲-直,宽-窄,锐-钝,单纯-复杂,平滑-粗糙等;位置的对比有高-低,远-近,疏-密,前-后,左-右,上-下,虚-实等;色彩对比有明-暗,强-弱,冷-暖,鲜-灰,清楚-模糊等;数量的对比有多-少,轻-重等。所谓统一指各设计元素在内涵上和造型、色彩上的相互联系,相互依存,衬托、呼应、协调、和谐的关系。对比统一是一对矛盾的统一体,装潢设计要在对比中求协调,在统一中求变化。

2.平衡

设计画面的平衡感主要通过对称与均衡的构图格局来实现。在所有的构图形式中,追求设计效果的平衡感是视觉心理的需要,它给人以安定、舒畅的视觉效果。

3.重心

在包装装潢设计中画面的重心是人们心理的中心。重心主要指主体图形所在的位置,它可以在画面实际中心偏高的位置,亦可在中心附近,可以是一个主体形,也可以由较多的形集合而成。

设计中,如果重心在上方,则具有空间感、舒展感;在下方则有稳定感和安全感;若重心过分偏离会有不稳定感,有时当图形具有明显的方向暗示性时,重心可能在空间位置。

4.节奏韵律

节奏是指音乐中强弱、快慢的变化。在装潢设计中指设计元素的主次、大小、层次的起伏变化关系。韵律是指设计之间彼此在形象和色彩上的呼应、反复交替的关系,犹如音乐中的主旋律。节奏和韵律的关系处理得好不仅增强设计的整体感,而且增加艺术的感染力。

5.比例

装潢设计中的比例指设计元素之间及其与画面的比例关系。一般情况下,品名文字和主体图形在画面中占据较大比例,一般大于画面的1/2,或可以引入黄金分割比例。此外,图形与画面的比例关系要恰当。以消费者能准确真实读懂画面为标准。在装潢设计中其他说明文字、资料文字等的位置和大小的处理都要注意适当的比例关系,才能获得良好的设计效果。

6.秩序感

秩序表现为有条理、有规律。在构图中的重复、渐变、发射、旋转等都是有秩序的状态。严格按照数理关系中的重复、等差、等比数值进行设计,不仅具有特殊的视觉诱导力和整体感,视觉心理研究表明,在装潢设计中有秩序的安排图形和文字比自由安排传递信息快,可识性也强。

4.5　包装装潢设计印前处理

包装设计作品最终都要印刷输出,因此在用软件设计和文件输出时,都要考虑到后期印刷的相关环节及要求,以确保设计作品被高质量地印刷出来。现在就包装印前的一些要求作下述分析。

4.5.1　文件格式

现在输出中心大部分采用方正栅格网点分色输出系统。支持后缀为.PS 的文件,目前较流行的设计软件如 Potoshop,PageMaker,CoreDRAW,Illustrator 等都支持 PS 打印,而像方正书版、维思、飞腾等一些方正软件所生成的 S2,PS2,PS 文件,只能用 Pspnt 输出,其他输出系统不支持。由于印前要进行诸如拼版、加套准规线、裁切线等一些处理,而 Word、WPS2000等软件在这方面可以说是无能为力,特别是彩色稿,一旦做好后,再去后期加工,将会给印前输出工作人员带来极大的困难。所以,尽量选用专业设计、排版软件来完成包装设计。

4.5.2　图片

现代胶印采用的都是柯式印刷(四色套印),也就是将图片分成青(C)、品(M)、黄(Y)、黑

(B)四色网点菲林,再晒成 PS 版,经过胶印机四次印刷,出来后就是彩色的印刷成品。因此,印刷用图片不同于平常计算机显示用图片,必须将图片转换为 CMYK 模式,而不能采用 RGB 模式或其他模式。输出时都会将图片转换为网点,用输出精度 i(像素/英寸)表示。印刷用图片理论上精度最小要达到 300dpi,所以平常大家采用的图片不能以显示为准,不要因为图片在 ACDSee 或其他软件中的显示较精美,放大后也很精美,就认为可以作为印刷用,一定要经过 Photoshop 软件打开,用"图像大小"菜单命令功能来确认其真正精度。例如,某图片分辨率为 600dpi,那么,它的尺寸就可放大一倍以上使用;如果分辨率为 300dpi,那么它就只能缩小或是原大,不能再将其放大;如果图片分辨率为 72dpi,那么必须将其尺寸缩小(dpi 精度相对会变大),直至分辨率变为 300dpi 才可使用。

针对图片的色彩显示,印刷中常涉及套印、叠印、掏空、专色等一些专业术语,大家可以查阅一些相关的印刷基础知识,这里就不一一解释了。只介绍一些在包装设计时必须注意的常识:第一就是"掏空",举例说,一红色底版上压有一行蓝色字,那么在该菲林片的红色版上,蓝色字所处位置就必须为空;反之,蓝版亦然。第二是"叠印",举例说,某红色底板上压有一行黑色字,那么在该菲林片的红色版上,黑色字所处位置就不应该掏空。第三就是常见的"四色字"问题,输出前必须检查出版物文件中的黑色字,特别是小字,是不是只有黑版上有,而在其他三色版上不应该出现。如果出现,则印刷出来的成品质量较差。RGB 图形转为 CMYK 图形时,黑色文字 100％会变为四色黑。必须将其处理一下,才可输出菲林片。

4.5.3　输出时的挂网精度

挂网精度一般称为挂网目,挂网的精度越高,印刷成品就越精美,但与纸张、油墨等有较大关系。如果你在一般的新闻纸(报纸)上印刷挂网目高的图片,那么,该图片不但不会变得更精美,反而会变得一团模糊,所以,输出前必须了解印刷品的印刷用纸是什么,再决定挂网的精度。一般常见的用纸及挂网目如下。

(1)进口铜版纸或不干胶纸:175～200 线。

(2)进口胶版纸:150～175 线。

(3)普通胶版纸:133～150 线。

(4)新闻纸:100～120 线。以此类推,纸张质量越差,挂网目就越低。

4.6　系列化包装设计

系列化包装最早出现于 20 世纪 50 年代。由于经济的发展,商品的品种日见增多,市场竞争激烈。于是单一的商品形象被淡化,系列化包装设计逐渐形成并发展。系列化包装又称家族包装,这种商品的包装设计给人以整齐划一的视觉效果,整体有序地呈现于市场。对于消费者来讲易于识别辨认,对于企业来讲优化了产品的多样性、组合性、统一性。

4.6.1　系列化包装的作用

在市场竞争日益激烈的今天,系列化包装对促进商品销售起到了重要的作用。

（1）系列化包装有助于企业品牌的树立与推广。系列化包装在形成统一视觉阵容下，强化了品牌意识，增强了传达效果。系列化包装通过对同一企业的多种产品，以商标为中心，在多样统一的原则下，使同一企业产品的单一包装有机地统一、联系并组合成为系列化群体。这种系列化设计的目的是加强消费者对商标和企业的印象，提高企业的知名度、美誉度和信赖感，是建立市场形象、树立名牌商标的有利武器。

（2）系列化包装具有良好的陈列与展示效果。系列化包装强调整体设计，强调商品群的整体面貌，因此促成了它声势大、特点鲜明、整体感强的特点。在一般商场、超级市场货架上，系列化包装大面积地占据展销空间，产生压倒其他商品的冲击力。这种形式所呈现的群体美、规则美和强烈的信息传达，使消费者立即识别其标记和品名，从而达到印象深、记得牢的效果，有力地避免无计划设计的各自为政、风格不一、互不联系、形不成整体效果等缺点，大大地提升了该企业的商品竞争力。

（3）系列化包装有利于提升包装的广告宣传效果。随着社会的发展，广告环境也在发生着巨大的变化，其中一个最重要的变化就是广告从以前"广而告之"意义上的广义动作向更加重视企业产品包装品牌的管理、构筑强势名牌形象过渡，系列化包装的家族特性在商品宣传中可取得以一当十的效果，企业只要有一个影响力大的名牌产品，就能带动一批产品的生产和销售。只要集中精力扶植品牌宣传，就能得到既减少广告开支又加强商品宣传的效果，因此系列包装的整体动作模式可以大大地提高包装的广告效果。

（4）系列化包装有利于新产品的开发。当一项产品在销售中获得消费者的信任，很有可能引起重复购买。就好像消费者若对一个系列中的一件产品有信任感，也会对系列中的其他产品产生好感，这种统一的视觉形式带给商品优秀的品牌形象，从而刺激了购买欲，因此对产品的开发和市场的扩大产生良性循环的效果。

4.6.2 系列化包装的视觉传达设计形式

系列化包装在设计上，强调不同规格或不同产品的包装在视觉形式上的统一，它追寻一种整体的视觉效果，但又不是同种商品等量同型的重复组合。因此，在体现企业多种商品包装特定统一视觉特点的前提下，还要体现不同商品的特有个性，在统一中求变化，从而得到既变化又统一、丰富多彩的包装视觉效果。系列化包装的表现形式多种多样，那么如何在包装视觉设计中体现系列化呢？系列化的形成可以通过造型、色彩、构图形式等体现，这里归纳几种仅供参考。

1.不同规格与不同内容的多种商品的系列化包装

对于规格多样、内容又不相同的产品，主要将品牌商标作为系列表达中心，通过统一的品牌形象、统一的主题文字字体或统一的表现手法中的一种或几种来形成系列化包装，同时对不同的商品采用不同的包装容器造型、设计色彩或主体图形，以突出各个商品的特点，如图4-22所示。

2.同类商品不同包装规格的系列化包装

对于具有不同规格的同类商品，在系列化包装时，统一元素可以选择容器造型、图案、字体及主体色彩等来形成包装的系列感。对产品的区分可以通过不同容量的包装容器来实现。这种系列化包装形式统一感强,有利于突出商品的独特形象,满足消费者对不同量的购买需求,如图 4-23 所示。

图 4-22　规格和内容不同的系列化包装　　　　图 4-23　规格不同的系列化包装

3.不同品种的同类商品系列化包装

对于具有不同品种的同类产品,可以通过相同的构图形式、表现手法、品牌名以及造型来形成系列感,以不同的主体图形、字体及色彩等区分不同产品,从而实现统一多样的系列化包装效果。如各种口味的水果饮料、果冻等食品均可采用此种方法,如图 4-24 所示。

4.容器造型相同的同类商品系列化包装

对于容器造型、规格相同的同种商品,可采用相同的构图形式、表现手法,相同的图形或字体等形成系列感,只通过改变包装的色调来进行变化。如集中陈列展示可形成丰富多彩的系列化效果,如图 4-25 所示。

图 4-24　商品品种不同的系列化包装　　　　图 4-25　相同包装造型的系列化包装

5.多品种不同造型的系列化包装

对于同一企业不同产品、不同形态、不同规格的产品,除可以采用统一的商标、字体外,也可采用同类型的构图形式和表现手法,使其形成统一的系列化特色,针对不同产品的区分,则可以通过造型、规格、色彩上的区分来实现,从而赋予商品灵活多变的特点,如图 4-26 所示。

6.同类产品组合性系列包装

将几种同类产品组合配套设计成系列包装,或将数种品牌产品,在不改变原有包装形式的基础上,重新组合配套,如"四色名酒""十大名茶"等。这种类型主要是将几种不同的产品分别包装,再组合配套装在一个包装容器中,达到多样统一的系列化效果,如图 4 - 27 所示。

图 4 - 26　多品种不同造型的系列化包装　　　图 4 - 27　同类产品组合的系列化包装

总之,探索和研究系列化包装的系列化特点,表现商品特性之间的形式关系和手法,是系列化包装的关键。从包装的功能和艺术表现上讲,系列化包装同其他商品包装的基本原则没有区别,不同之处在于突出强调包装视觉上的系列化特点。就其变化的丰富性,表现的多样化和整体的感召力上可见其在市场竞争中的重要地位。

4.7　包装装潢设计实训

4.7.1　化妆品包装实训

1.实训题目

对化妆品进行系列化包装设计。

2.实训要求

(1)至少包括 3 件商品的内包装和外包装盒。

(2)化妆品包装的基本元素完整。

(3)有内外包装的平面展开图及包装容器的造型图,并说明尺寸。

(4)制作出 1～2 个外包装盒。

3.实训目的

(1)进一步熟练掌握包装盒的设计与制作。

(2)熟悉并掌握包装装潢设计的基本方法。

(3)明确系列化包装的形式及设计要点。

(4)培养学生将理论与实践相结合的能力。

(5)加强专业技能,提高学生的动手能力。

附:化妆品包装标注注意事项

(1)化妆品标识应当标注化妆品名称。化妆品名称一般由商标名、通用名和属性名三部分组成,并符合下列要求。

1)商标名应当符合国家有关法律、行政法规的规定。

2)通用名应当准确、科学,不得使用明示或者暗示医疗作用的文字,但可以使用表明主要原料、主要功效成分或者产品功能的文字。

3)属性名应当表明产品的客观形态,不得使用抽象名称。约定俗成的产品名称,可省略其属性名。

4)同一名称的化妆品,适用不同人群,不同色系、香型的,应当在名称中或明显位置予以标明。

(2)化妆品标识应当标注化妆品的实际生产加工地。化妆品实际生产加工地应当按照行政区划至少标注到省级地域。

(3)化妆品标识应当标注生产者的名称和地址。

(4)化妆品标识应当清晰地标注化妆品的生产日期和保质期或者生产批号和限期使用日期。

(5)化妆品标识应当标注净含量。净含量的标注依照《定量包装商品计量监督管理办法》执行。液态化妆品以体积标明净含量,固态化妆品以质量标明净含量,半固态或者黏性化妆品用质量或者体积标明净含量。

(6)化妆品标识应当标注成分。

(7)化妆品标识应当标注企业所执行的国家标准、行业标准号或者经备案的企业标准号。

(8)化妆品标识应当标注生产许可证标志和编号。

(9)化妆品根据产品使用需要或者在标识中难以反映产品全部信息时,应当注明"详见使用说明书"。

(10)化妆品标识不得标注下列内容。

1)夸大功能、虚假宣传、贬低同类产品的内容。

2)明示或者暗示具有医疗作用的内容。

3)容易给消费者造成误解或者混淆的产品名称。

(11)注意事项。

1)凡使用或者保存不当容易造成化妆品本身损坏或者可能危及人体健康和人身安全的化妆品、适用于儿童等特殊人群的化妆品,必须标注注意事项、中文警示说明,以及满足保质期和安全性要求的储存条件等。

2)化妆品包装物(容器)的最大表面的面积小于 10 cm^2 且净含量不大于 15 g 或者 15 mL 的,其标识可以仅标注化妆品名称、生产者名称和地址、净含量、生产日期和保质期或者生产批号和限期使用日期。

4.7.2 食品包装实训

1.实训题目

对某一系列食品或饮料进行包装设计。

2.实训要求

(1)至少包括3件商品的内包装和外包装盒。

（2）食品包装的基本元素完整。

（3）有内外包装的平面展开图，并说明尺寸。

（4）制作出外包装盒。

3.实训目的

（1）进一步熟练掌握包装盒的设计与制作。

（2）熟悉并掌握包装装潢设计的基本方法。

（3）明确系列化包装的形式及设计要点。

（4）培养学生将理论与实践相结合的能力。

（5）加强专业技能，提高学生的动手能力。

附:食品包装标注内容

（1）产品名称。

（2）产品计量。即重量或体积，但必须是净重或净含量，不包括包装。重量用克或千克表示，体积用毫升、厘升或升标明。

（3）成分说明。产品中所含的物质，包括在生产和配制过程中使用并存在于最终产品中的添加剂。在涉及一些饮料时，在标签上还必须标明实质物的含量（如果汁中果浆的比例）。例如，椰蓉饼干的成分包括小麦粉、食糖、植物油、椰蓉、发酵粉、全蛋粉、食盐和脱脂奶粉等。

（4）企业的名称及地址。

（5）产品产地。

（6）保存和食用方法。在食品标签上应该有产品保存和食用方法等方面的说明。如在饼干的包装标签上，消费者可以看到这样的加注:"置干燥处保存";易腐食品上则注有"在××度以下保存";麦片之类的早餐食品会有"加入牛奶食用"的提示等;再如速冻食品需注有"解冻后切勿再冻"。

（7）食品的保质期。包装食品必须注明食用的最佳期限，注明的方式如"最好于×年×月×日之前消费""最好于×年×月底前消费""消费期至×年×月×日"等。

4.7.3　饮料包装实训

1.题目:瓶帖设计

2.设计说明

（1）瓶帖一般放在瓶颈、瓶胸、瓶腹部位。

（2）一件瓶上一般帖 1～3 个瓶帖。

（3）底色与瓶色一致，则突出品牌图形，感觉清净、高雅、名贵;底色与瓶色对比较强，则感觉强烈活泼。

3.设计要求

（1）说明包装何种商品。

（2）明确瓶子造型。完成展开图和效果图。

（3）标明尺寸及比例。

（4）基本包装元素完整。简单说明设计创意。

(5)设计美观、实用,符合包装法规。

4.实训目的

(1)熟悉并掌握包装装潢设计的基本方法。

(2)培养学生将理论与实践相结合的能力。

(3)加强专业技能,提高学生的动手能力。

4.7.4 销售包装设计实训

1.题目:销售包装设计

2.设计目的

(1)熟悉包装设计的完整过程。

(2)熟练掌握包装造型设计、纸盒结构设计和包装装潢设计的基本方法。

(3)综合运用所学知识,提高设计能力。

3.设计要求

(1)对食品或药品进行内外包装设计,包括商品的内包装瓶和外包装盒设计。

(2)包括包装盒的装潢设计展开图、效果图,包装容器的造型图,瓶贴展开图和效果图。

(3)简单说明设计创意,并说明各包装部件的尺寸。

(4)基本包装元素完整。设计美观、实用,符合包装法规。

(5)制作出外包装装潢盒。

第 2 部分 实 践 篇

第5章 包装设计与产品营销

5.1 包装与广告

随着科学技术的不断进步和市场经济的迅速发展,企业之间的竞争已经越来越激烈,这不仅表现为产品质量和服务质量上的竞争,也表现在产品宣传和营销策略上的竞争。各种新的经营和营销方式的出现,对产品的包装设计也提出了更高的要求,特别是包装发展到今天,其内涵越来越大,形式越来越多元化。而包装所发挥的作用,也在潜移默化地发生着改变,其中一个重要的表现就是包装的广告效应越来越突出。

5.1.1 包装的功能体现出广告效应

包装具有多种功能,除了基本的防震、防挤压、防虫、防油等保护性功能和方便携带、开启、使用、保存的便利性功能外,还具有促进销售功能。随着信息社会的发展及市场竞争的日益激烈,后一个功能发挥出了越来越重要的作用,而正是这个功能把包装对商品的广告宣传效应体现得尤为突出。

一件优秀的包装,以其准确的定位、科学合理的结构、新颖的构图、动人的形象、简明的色彩,及良好的视觉反映,迅速地传递着商品的信息,并以此影响消费者的消费心理,启发消费者的购买欲。

从分析消费者的购买行为来看,他们在选购商品时,第一眼看见的是商品的包装,而不是商品本身。因此,包装对产品从被认知到被了解直至被选购都是至关重要的。当然,消费者不可能只凭商品的外在包装来判定它的质量,但产品的包装即产品的外观形象,常常影响到消费者购买时的决策,正像人们的外表会影响他人对自己的判断一样。特别是在当今社会,商品的多样化、同质化趋势越来越明显,要想使其从货架上众多同类商品中被消费者选中,包装的促销功能起到了至关重要的作用。

一位研究包装的市场心理专家路易斯·切斯金为了验证包装对消费者购买行为的影响,曾做过几个实验。他先把同一种产品放进两种不同的包装内,一种是圆形图案,另一种是三角形图案。然后,他让调查对象回答喜欢哪一种产品,为什么。结果 80% 以上的被调查者都选择了带有圆形图案包装的产品。他们认为这种包装里的产品是高质量的。这个结果并没有让路易斯·切斯金太吃惊。然而,下一个实验的结果却不能不让他吃惊:被调查对象在亲自试过了两种包装中的同样的产品之后,仍然一边倒地表示喜欢带圆形图案包装的那种产品。接着,他又做了一个实验。他把几种不同牌子的啤酒分别放在同一种包装的容器内让大家品尝,结果人们对啤酒的味道和质量的评价大体一致。但是,当把这些啤酒放入不同包装的容器内时,人们对啤酒味道的判断就大大改变了。

这一实验结果表明,消费者往往分不清一种产品和它的包装,对他们而言,很多产品即是包装,而很多包装即是产品。这一实验在实际的商品销售上也得到了验证。例如,山东的"龙口"粉丝是纯绿豆制品,台湾省某品牌粉丝是绿豆与土豆混制而成,两者在质量上的优劣显而易见。但在毛里求斯市场上,精美包装的台湾省某粉丝售 11 卢比,非常畅销;而简易包装的"龙口"粉丝,即使包装数量是前者的 2 倍,售价只有 5.5 卢比,但由于包装寒酸、广告意识不强,不能引起当地消费者的注意,销售量远不如台湾省的某品牌粉丝,被人称之为"'俏龙王',没穿美'龙袍'"[5]。由此也很好地证明了包装的"心理启发功能"对包装所带来的突出的广告效应。

5.1.2　包装的基本表达要素是最直接的广告宣传语

商品包装的基本表达要素是文字、图形和色彩,通过这三个基本要素架起了生产者和消费者之间商品信息沟通的桥梁。消费者浏览包装的时刻,即是包装上详实的文字、典型的图像、丰富色彩无声地宣传商品的最佳时刻。可以说包装是商品立体的、形象的印刷广告。

(1)我们来看包装上的文字。文字肩负着传达商品信息的重要作用。人们可以通过文字认识和了解商品的各种信息。包装中的文字分为基本文字、资料文字、说明文字和广告文字。通过基本文字,可以准确地传达商品的名称、品牌及生产企业名称,这些是区分同类商品的核心内容。包装上的资料文字和说明文字,可以比较详实地传达商品的特点,主要包括产品的用途、用法、保养、注意事项、主要成份、容量、型号、规格等。这些内容在一定程度上起到了类似于报纸等平面印刷广告的宣传作用,同时由于国家对各类商品的包装标识都有明确的规定和严格的监管,这就使得包装上的这些文字更具真实性,提高了消费者对产品的信赖度。包装上的广告文字主要是宣传内装商品特点的推销性文字,最直接地体现了包装的广告效应。这些文字主要来源于广告,既浓缩了商品的特性又带有流传性、趣味性、顺口、易记等优点,能够给人们留下很深的印象,从而实现了广告效力的免费延伸。

(2)我们来看包装上的图形。图形是包装中的重要组成部分,据相关统计显示,就注意度而言,文字仅占 22%,而图形则占 78%,具有强烈的引人关注的作用。包装中的图形一般包括商标,主题图形和辅助装饰图形三类。其中,商标是包装上必不可少的组成部分,是企业的代表性图案。位于包装明显部位的商标,直接而快速地向消费者传递出商品的一个重要信息——商品的品牌。随着市场竞争的日趋激烈,商品间的竞争已经逐步转化为品牌间的竞争,消费者购买商品时的品牌意识也更加明显,包装上的商标在一定程度上加强了对品牌的宣传,强化了产品之间的差异性,加深了人们对品牌的认识,而且同一品牌的商品种类和数目往往比较多,这些频繁出现的包装也就增加了品牌符号出现的频率,使得包装成为加强品牌形象的重要媒介,很多企业看到并充分利用了包装的这一特点,将品牌的图案作为包装装潢的主体并取得了很好的预期效果。如图 5-1 所示中百事可乐,可口可乐等品牌的商品包装就是很好的例子。而包装上的主题图形所发挥出来的作用也不可小视,这部分内容往往占据了大部分的包装画面,成为了吸引人们视线、传达商品信息、刺激消费的重要元素。图像的内容往往比较容易被记住,在记忆中保留的时间也更长;作为视觉符号的图像很容易跨越地域差异,具有更广的受众范围。特别是包装上的图形,都经过了精心的设计,更具有典型性、鲜明性和构思的独特性,这些特性使包装内商品的特点通过图形更加形象地体现出来,帮助消费者更直观地获取信息,快速地感受商品内容并由此激发起强烈的购买欲望。

图 5-1　包装上的商标图案

　　(3)我们来看包装的色彩。在包装的表达要素中,无论是文字还是图形都离不开色彩的运用,激情活力的色彩能够很快吸引消费者的眼球,它在装饰包装的同时无声地宣传着商品。特别是包装设计中,象征色和形象色的运用更是体现了这一点。所谓形象色,是指包装中的主要色调使用了商品本身的色彩。这就使得包装成为表现商品品质的很好工具,特别是经过一定的艺术处理后,将商品的优点加强并突出地表现了出来。这一点在很多食品类商品的包装中表现得比较突出。如图 5-2 所示饮料的包装,画面的主色调以果汁本色为主,经过精心的艺术处理,很容易让人们联想到商品的美味与新鲜。而葡萄酒的包装中,恰到好处的紫色调,很好地传达出商品的醇香美味与高贵的品质,对商品的定位作了准确的诠释。同时,包装中象征色的运用,则更好地体现出包装在整合营销策略中的重要作用。象征色是指与品牌建立了一定对应关系的代表性颜色,这种颜色通常是经过长期的宣传而建立起来的,它往往代表了企业的某种精神。将这种颜色运用到商品的包装中,使得品牌形象有了更大的宣传空间,强化了人们的印象,同时可以通过良好的品牌形象,提高人们对包装内产品的关注度和信赖度,达到宣传和促销商品的目的。这样的例子也很多,如图 5-3 所示百事品牌的红、蓝两色,以及可口可乐的红色,就常常被运用到该企业各类商品的包装上。

图 5-2　包装上的形象色　　　　　　图 5-3　包装上的象征色

5.1.3　商品包装的流通过程体现了包装的广告效应

商品和包装在流通中总是一体的,这也就意味着随着商品从厂家到卖家最终到消费者手中,包装是贯穿始终的。在每个环节中,随着所处环境的变化,包装从不同的范围和角度发挥着宣传商品的作用。

(1)产品在厂家进行包装设计和制作的过程,其实就是对产品进行低价广告宣传的策划过程。商品包装的初衷是基于最基本的功能,即保护功能、便利功能。由于只是包装设计,而没有任何附加的广告费用,可以说设计费用远低于专门的广告设计费用。而随着市场经济的发展及营销策略的完善,包装的宣传作用已经潜移默化地向广告宣传上靠近,包装设计中越来越多地融入了广告宣传的元素,将广告传播也作为一个设计要求,而所增加的这部分设计费用,已经在商品销售过程中由顾客支付了。这样无形中就增加了一个宣传产品的有效途径。让产品的包装设计、产品的标识发挥出主导作用,向消费者提供足够的信息,特别是在现代包装设计中,使用有魄力、有韵味、通俗时尚的广告语句形式,进一步增加了广告和包装的有机贯通,加强了消费者对商品广告的印象,使包装在盛装商品的同时,实现了广告宣传作用,达到引导消费行为的目的。

(2)包装在卖方的陈列柜台上摆放时,充分体现出其真实性,而正是这一点使得包装成为了最可靠的商品宣传广告。商品的最后形态完整而真实的呈现,使包装对商品的宣传成为立体的。这种物化存在形态给人以真实感,与平面设计的广告宣传不同,它会让人主动联想广告的宣传,并进一步证实广告宣传的真实性。不论广告摄影多么逼真,影视摄像多么生动,都是人为构成的虚拟环境,仍具有很大的虚幻性。而商品的陈列阵营、陈列方式都可以让人感受到来自不同角度的真实。这种视觉、触觉、心理等多角度的宣传,使消费者可以从各个角度体验产品,以刺激人的购买行为,达到宣传销售的目的。

(3)当商品流通到消费者手中时,包装对商品的宣传作用体现出长久性和重复性。在这个流通环节中,商品和消费者有一段较长的接触时间,这一点满足了消费者长时间关注的视觉需求。如果在造型上有新意,还能使包装变废为宝,成为陈设品,持续发挥宣传作用。例如:很多人喜欢收集酒瓶,不论是没有开封的,还是空瓶,募集的不是瓶中之酒,而是酒的包装物瓶子。只要陈设价值不灭,广告宣传价值即存,如此看来,包装的宣传作用也就具有了长久性。另外,大品牌的商品除了包装外,还有盛装包装产品的手提袋,上面往往设计有品牌形象和企业名称。当人们重复使用它时,一种流动广告效果便产生了。只要手提袋不因为破损而被丢弃,这个流动性就可以一直保持下去,广告就可以被带入更多的地点与场合,重复地发挥着宣传作用。

可以说,包装所蕴含的潜在广告功能已经促使它成为一种精彩、高质、有实效的广告媒介。对处于市场经济环境中的企业而言,优良的包装在促进商品的陈列展销、引导消费者识别选购、激发消费者购买欲望等方面发挥着越来越明显的作用。我们相信,随着对包装潜力的进一步挖掘,包装的广告宣传效应一定会被演绎得淋漓尽致。

5.2　包装设计与品牌创建

随着人们物质生活的不断提高以及科学技术的快速发展和广泛应用,产品种类日益丰富,产品同质化日渐明显。面对这样的市场现状,消费者逐渐形成了重品牌、轻产品的消费观念。产品的销售也应该紧跟消费观念变化的脚步。在产品销售中,如果能将产品宣传和品牌宣传有效地结合起来,一定能起到事半功倍的效果。包装作为产品促销的有效工具之一,也应该从这方面多思考、多改进。

5.2.1　品牌创建

随着社会的发展和经济的全球化,商品市场日渐成熟,由卖方市场转变为买方市场,消费者越来越理性,市场竞争日益激烈,市场竞争已不再是单纯的产品竞争、价格竞争、技术竞争、人才竞争,而是把诸多的竞争综合为一个整体的竞争,这个整体竞争在某种意义上说,就是品牌的竞争。品牌作为质量、性能、服务和企业文化的综合体现,已成为当今市场竞争的主要方式。品牌意味着高附加值、高利润、高市场占有率。一个国家、一个地区、一个企业是否拥有自己的强势品牌是综合实力强弱的集中体现。创立、培育与发展知名品牌,已成为企业、政府乃至国家的长期发展战略。

品牌的创建包括品牌的识别特征和品牌的心理要素两个方面。其中,品牌的识别特征主要有品牌名称、标识、吉祥物及形象代言人等视觉特征和产品质量、性能、服务、价值观、信仰及情感等产品的个性特点;品牌的心理要素主要有品牌的知名度、美誉度和忠诚度三个方面。品牌的创建过程,实际上是通过对品牌产品的内在和外在特征进行长时间大面积的传播,在消费群中积累印象,形成一定的知名度,再靠好的产品质量和品牌文化,打造良好的品牌美誉度,最后在此基础上,逐渐形成品牌忠诚度。因此,在借助包装来宣传品牌时,我们必须围绕以上内容展开。

产品包装与品牌宣传两者之间有着密不可分的关系,甚至产品包装和品牌已经成为影响产品销售效果的两个重要因素。有学者曾指出:"包装是品牌核心资产的物质化身……包装具有品牌所有的要素,它是品牌的本体。"可见,包装作为产品的外衣,对品牌宣传的作用不可小觑。

5.2.2　包装对品牌创建和宣传的推动

1.包装对品牌外部特征的呈现,有利于品牌知名度的创建

包装对品牌的外部特征呈现起到了重要的作用。品牌的外部特征主要指品牌的视觉特征元素,包括品牌标识、品牌标准色、品牌吉祥物及代言人等。这些元素都可以呈现在包装中。特别是在包装法规中明确规定,包装中必须呈现品牌名称和标识,这对于提升品牌影响力是很有帮助的。从包装装潢设计技巧出发,这些与品牌有关的视觉元素应当放在包装的主要展示面的突出位置上,这样,对企业而言,有利于突出品牌信息,提升品牌知名度;对消费者而言,当消费者拿到包装后,能快速找到品牌信息,符合了消费者认牌购买意识的需要。在包装设计

中,这些品牌信息元素出现的形式可以多元化,最常见到的就是将品牌 LOGO 醒目地体现在包装的主要展示面上。可以在视觉上突出,比如放在平面的视觉焦点上,比如中心线偏上,或左上、中上或右上;也可以通过巧妙的构图来突出,比如利用色彩强烈对比呈现,或利用留白的技巧突显出来,如图 5-4 所示。

图 5-4 醒目的 LOGO

当然,除了品牌 LOGO,其他的品牌视觉元素也可以灵活地引入到包装中,比如将品牌吉祥物引入,或将品牌代言人引入,甚至于品牌代表性字体、颜色等都可以在包装中体现出来。这些元素的引入形式可以更灵活一些,比如位置上,可以根据设计需要,放在包装上各个不同展示面,引入的程度也可视情况而定。例如图 5-5 所示的葵花牌小儿肺热咳喘口服液的包装中,包装上清晰地呈现了品牌的标识和吉祥物,吉祥物出现在了包装的多处位置上,强化了消费者对品牌信息的记忆。再例如图 5-3 所示百事可乐的包装,就引入了品牌代言人的形象,并大面积地使用了品牌代表色。

图 5-5 品牌吉祥物在包装中的应用

2.包装对品牌内部特征的呈现,有利于品牌美誉度的创建

包装可以辅助传达产品的内部特征,培育品牌的美誉度。首先,通过包装设计中文字、色彩、图形等元素,可以传达产品的特性和优势,突出产品的个性特点。在进行产品包装结构设计时,可以通过包装容器的造型,突出产品特点。例如三精产品的包装,突出"蓝瓶"包装,体现产品独特的蓝波包装技术。同时,在产品包装装潢设计中,通过包装中的主体图形、色彩等,突显产品的个性化。包装设计中主体图形必须有充分的信息含量,这些信息以体现产品的个性特点、功能为主。对产品个性的体现从一定角度讲也正是对品牌内部特征的呈现。如图 5-6 所示雄狮品牌茶叶的包装,主体图形中的一杯沏好的茶,透亮清新,将产品独特的品质体现得淋漓尽致,版面中心线处印刷工整的文字与右侧洒脱的书法字体的"茶"字形成鲜明对比,传达出该品牌"将现代加工工艺与传统加工工艺相结合"的独特的茶叶制作技术,很自然地将品牌

内部特征呈现在包装中。

图 5-6　雄狮茶叶的包装

其次,通过包装中内涵丰富的表现元素,可以更形象地传达品牌的精神内涵和企业文化,从而强化品牌在消费者心目中的定位,培育品牌的美誉度。例如,图 5-7 所示白沙烟的包装中,通过色彩、图案及文字把中国传统的"和"文化表达得淋漓尽致,而该文化正是白沙集团一直以来的企业文化精神,通过包装将品牌文化深深地种在了消费者的心里,这无疑推动了品牌美誉度的创建。

图 5-7　白沙烟的包装

3.实施系列化包装,促进消费者品牌忠诚度的形成

实施系列化包装,提升品牌知名度。系列化包装又称家族包装,它强调不同商品的包装应给人以整齐划一的视觉效果,整体有序地呈现于市场。对于消费者来讲易于识别辨认,对于企业来讲优化了产品的多样性、组合性、统一性。系列化包装将同一品牌的不同商品巧妙地连接在一起,突出了零散的商品共同的出处——品牌。特别是当该品牌有一个知名商品后,可以带动该品牌的其他商品的销售,特别是新商品的销售。长此以往,无形中就培养了消费者的品牌忠诚度。例如,"康师傅"品牌最早靠"红烧牛肉方便面"打开了市场,随后推出的各种口味的方便面,很快也得到了消费者的认可,其中的原因,除了产品优良的品质外,由如图 5-8 所示康师傅方便面的包装可以看出,系列化包装理念的应用也是功不可没。可见系列化包装对于加强消费者对品牌的理解,提升品牌的知名度,助力消费者品牌忠诚度的形成,具有积极的促进

作用。

4.包装促进品牌宣传的实例分析

通过具有吸引力的包装设计,可以在消费终端吸引消费者的注意力,使消费者关注商品,记忆品牌,从而提升品牌的知名度。如图 5-9 所示,KISSES 巧克力的包装在传达"好时"品牌信息时就做的非常成功。其一,包装造型设计成男士盒和女士盒的套装形式,男士盒上宽下窄的棱台造型,加之图案与色彩的装潢,呈现出一位刚毅、健壮与稳重的儒雅男士;女士盒上圆下方的复合体造型,配以蝴蝶结及柔美曲线的装饰,描绘出一位优雅、温婉的窈窕淑女,由此,一场圣洁而庄重的婚礼现场在消费者大脑中清晰地浮现出来,传递出满满的爱意。不知不觉中"好时"品牌"浓烈且纯真的爱"这个文化内涵自然而然地传达了出来。其二,男士盒图案中衣领的轮廓造型和女士盒婚纱上身部分的轮廓造型都巧妙地融入了"好时"品牌水滴 LOGO 的图形,将品牌的外在特征巧妙地传达出来。整个包装将品牌信息传达得淋漓尽致。由此可见,包装无疑是促进品牌宣传的重要手段。

图 5-8 康师傅方便面包装

图 5-9 KISSES 巧克力包装盒

5.2.3 品牌意识引入包装设计,提升包装对产品的宣传力度

包装与品牌创建及宣传的关系是相辅相成,相得益彰的。包装可以促进品牌的创建,反过来,我们可以借助品牌化的过程,将品牌意识引入产品的包装设计过程中,为包装设计注入更多的方法和技巧,丰富包装设计理论,并在此基础上,使包装更有效地促进产品的销售。这里以陕西土特产包装设计方案研究为例,来分析如何将品牌创建意识与包装设计相融合,从而更好地推进产品的销售。

1.引入独特的品牌符号,提升陕西土特产品牌的知名度

通过对陕西土特产市场的调查和分析,我们发现,陕西土特产虽然品种丰富,但销售市场却凌乱不规范,各自为营,无法形成一致性信息,使得产品的市场影响力不尽如人意。在陕西土特产销售中,如果能将各个零散土特产的吸引力凝聚起来,创建独树一帜的品牌形象,一定能大大改进陕西土特产的销售现状。因此,在进行陕西土特产包装设计时,我们可以引入品牌创建理念,给丰富多样的陕西土特产一个统一的符号,为陕西土特产设计鲜明的品牌外部特征,从而提升陕西土特产的知名度。

在对陕西土特产进行包装设计时,除了保证包装准确地传达土特产的特性外,还必须使其服务于品牌整体的、统一的形象传达。因此,我们可以考虑为陕西土特产设计独特的品牌符号,并将其应用于每一个陕西土特产的包装中。

(1)要为陕西土特产起一个新颖且易于记忆的品牌名称。这个品牌名称要求既能体现"陕西"这个鲜明的地域特点,又能够突出陕西特产的独特之处。通过调查,我们发现,各地特产的品牌多以下两种方式命名:第一种是"地名＋特产",如"四川特产""云南特产"等。这样命名,过于呆板,很难让人眼前一亮,缺乏新意。第二种是"地名＋产品名",如"北京烤鸭""新疆哈密瓜"等。这样的命名方式,更多的是让人记住了某地的个别产品,很难建立地方特产整体的品牌意识。鉴于此,在为陕西土特产确定品牌名时,既要能体现"陕西"这个地域范围,又要能体现陕西土特产的独特之处。在突出品牌意识的同时,避免落入俗套。我们可以这样考虑,陕西又被称为"三秦大地",陕西简称为"秦",秦始皇陵四周的兵马俑远近闻名,我们就可以考虑把"秦"字引入到品牌名中。此外,通过对陕西土特产的调研和相关资料的分析,我们发现,陕西土特产种类繁多,但具体而言,可分为两类:一类为土生土长的水果和农作物,比如洛川的苹果、周至的猕猴桃、陕北小米等,对这类特产,我们可以用一个"香"字来概括它们的共同特色;另一类是由陕西悠久的历史和深厚的文化所带动的各类民俗工艺品,比如陕北的剪纸、陕西渭南的皮影等,精巧别致,对于这类特产,我们可以用一个"巧"字或"致"字来概括它们的特点。最后可以将这些字组合为"秦香巧"或"秦香致"等既易于记忆又朗朗上口的品牌名。在品牌名字体设计时,以最能体现中国传统文化的书法字体为主,从而强化突出陕西源远流长的人文历史和深厚的文化底蕴。

(2)要为陕西土特产设计一个吸引人的品牌LOGO。这个LOGO标识既要能体现出陕西土特产的共同特征,又要能应用于各类陕西土特产的包装中,并且能为土特产的销售带来良好的影响。这个标识设计的素材,我们可以从陕西土特产的共性元素——产品的产地上来挖掘。为此,我们在对陕西地域环境和人文环境进行细致分析的基础上,做了一些市场问卷调查,调查的主题是"陕西给你留下最深刻的记忆是什么",调查发现,无论是对陕西本地区还是陕西以外地区的消费者,他们对陕西深刻的记忆,排在最前面的主要是兵马俑、大雁塔、城墙。有了这些具有陕西鲜明印记的素材,在进行LOGO设计时,我们可以将它们进行提炼和重构,设计出品牌LOGO。

(3)在土特产包装环节,将品牌名和品牌LOGO放置在所有陕西土特产包装的固定位置。这样,不论消费者见到或买到哪一样土特产,都会强化记忆一次陕西土特产的品牌信息,这无形中就提升了陕西土特产的品牌知名度。此外,这些内涵丰富的品牌信息,形象直观,能激发起消费者关于陕西的美好联想和积极的情感体验,并借助于经典条件反射原理和移情原理,消费者必将对品牌产生好感,从而提高品牌的美誉度。

2.融入地域文化元素,强化品牌文化内涵,提升品牌美誉度

要想使品牌得到市场的认可,在扩大知名度的同时要提升品牌的美誉度。美誉度是大众对商品品质或企业特质的反映,这种反映的核心是对品牌产生美好的情感体验并形成积极的信念。我们可以在土特产包装设计中,引入地域特性突出的表现元素来激发消费者对品牌美誉度的形成。

陕西作为十三朝古都的落脚之地,具有悠久的人文历史、深厚的文化底蕴,以及独特的自

然风光和历史古迹,这些都为陕西土特产包装提供了丰富而独特的设计素材。在对陕西土特产进行包装设计时,我们要充分发挥陕西在此方面的优势,以陕西丰富的地域文化资源为切入点,在发掘产品地域特性和民俗特点的基础上提炼本土文化中的代表性元素,并将其引入到土特产品的包装中,从而使陕西土特产包装在体现产品特色的同时形成独特的品牌文化内涵,在成功吸引消费者的前提下,激发消费者的情感共鸣,逐渐积累品牌美誉度。

具体来说,我们可以从以下几方面入手:①在陕西土特产包装设计中应用地域性色彩。由于陕西地貌色彩单调,激发了陕西地区人们强烈的色彩补偿心理,形成了"红红绿绿,图个吉利"的突出用色风格。例如,陕西当地很多民俗作品中,主体色都以高饱和的红、绿、黄、紫为主,而将黑、白、灰等非彩色作为辅助色或过渡色,此种用色风格完全可以运用在陕西土特产包装设计的色彩搭配上。②在陕西土特产包装中引入地域性图案。陕西民间艺术品具有粗犷、简洁、夸张的特点和写实、成熟、细致的图案处理风格。在图案选材上,主要以象征吉祥寓意的虎形、石榴坐牡丹、回头鹿、马上富贵、刘海戏金蟾、狮子滚绣球及娃娃坐莲等图形为主。在土特产包装设计的图形选择和处理上,我们可以结合产品的出处和特性,选择这些有地域特色的图案作为包装上的主体图或辅助图形,当然在引入时要根据设计需求,进行适当的分解重构或简化处理,达到"形若在,神已至"。③在土特产包装容器的造型设计中引入地方文化元素。陕西有很多全国甚至世界都久负盛名的古迹建筑,如兵马俑、大雁塔、小雁塔、钟楼、明城墙、华清池等,在进行包装容器造型设计时,可以在容器的造型中引入其中有代表性的结构和纹样。例如,将四方形阁楼式塔结构、八卦悬顶式结构特征引入包装容器的造型设计中;将密檐式砖佛塔纹样、屋檐微翘纹样甚至兵马俑盔甲上的纹样等作为包装瓶中的暗纹,以浮雕的形式出现,或作为礼品包装盒上的装饰图案等,相信这样的包装既能体现地方文化又具有一定的艺术美感,必定会受到消费者的关注,促进产品的销售。如图5-10所示为潮汕茶叶的包装,包装盒的造型原型就来源于潮汕地区古建筑客家围龙屋的结构,将以围龙屋为造型的潮汕功夫茶具和茶饼制作为礼品装,整个包装将产品产地的文化和产品本身巧妙地结合起来,地域气息浓厚,包装造型独特。

图5-10 潮汕茶叶包装设计

由此,我们可以看出,陕西土特产包装中地域文化元素的引入,在一定程度上能够提升包装的品味,增加土特产品品牌的附加价值,强化品牌的文化内涵,从而增加消费者对产品的好感度和信念,这必然会对品牌美誉度和忠诚度的培养带来积极的影响。

3.系列化包装策略的应用,提升陕西土特产品品牌的市场影响力

在陕西土特产包装设计时,我们可以引进系列化包装方式,加强消费者对陕西土特产的一致性认识,从而提升陕西土特产品牌的市场影响力。具体而言,可以从以下几方面来考虑。

(1)对于同一产品,我们可以设计满足不同环境需求的包装形式和规格,比如普通装、礼品装、便利装等。在这种系列化包装设计中,我们可以使用相似或相同的主体图形,以便突出内装物的共同特性,而在包装造型、包装材料上有所区分,以便突出它们不同的使用场合。比如礼品装,容器造型设计要精巧细致,包装材料可以选择视觉效果突出的铜版纸或卡纸等,以提升包装的品味,增加产品的附加价值;而便利装则以实用便利为原则,选择结实实用的包装材料。

(2)根据特产属性的相关性,突出系列化包装概念。我们可以对同类特产进行系列化包装。比如猕猴桃、苹果、樱桃等同属于水果类特产,在包装设计时,可以采用相同材料、相同规格和相同结构的包装容器,至于主体图形的选择和色彩的运用,则根据不同的产品,以突出产品个性为原则进行设计。

(3)可以实现不同特产的组合包装。陕西旅游业发达,当游客离开时总会带一些当地的土特产,而面对陕西丰富多样的土特产品,消费者往往难以抉择买哪些更合适,为了方便消费者,我们可以将有代表性的陕西特产进行组合包装。这样,既节约了游客挑选组合的时间,也可以实现不同土特产的协同销售,以强带弱,为陕西土特产开辟更广阔的销售前景。

通过将品牌构建意识引入陕西土特产的包装设计的案例,我们可以看到好的包装不仅可以保护产品、宣传产品,还可以成为品牌形象创建的载体。在陕西土特产的包装设计中,注重品牌标识的引入、地域文化元素的应用和系列化包装策略的运用,必将对陕西土特产品牌知名度的提升、美誉度的创建和品牌忠诚度的培养发挥积极的作用。

5.3　包装与消费者心理

随着生活水平的不断提高,人们对商品的要求越来越高,在消费过程中,人们把更多的关注点放在了自己情感的满足上。商品的包装,作为与消费者首要并直接接触的环节,也必须注意到这一点。

5.3.1　情感体验

情感是人对客观事物是否满足自己的需要而产生的态度体验,这种体验是对象与主体之间的某种关系的反应。它是对一些真实或想象的事件、行为或品质的高度肯定或否定的评价而引起的各种精神状态和身体过程,是各种感官共同作用产生的一种综合效应,是主体对客体的整体把握。它不仅包括感官的外在感受而引起的情绪、情感体验,还包括外在情景刺激带来的内心世界的活动。

情感体验的主要构成要素有三个,分别是感觉、心情和情绪。当人接触到某事物时,首先会刺激自己的各个感官形成一定的感觉,继而由这些感觉激发起复杂的心理活动,并由此形成短暂的心情,表现出一定的情绪,这种情绪会改变人的思维方式并影响行为。这种影响一般分

为三个层次,即本能层、行为层和反思层。

(1)本能层次的情感体验来自直接的感知,反应为最基本的内脏和身体的变化,例如血压升高、心率加快、流汗等,这些情绪构成了人们对于任何感知对象,包括使用物和环境最直接的情感体验。它产生于意识、思维之前,反映了事物给人的第一感觉,是通过视觉、嗅觉、听觉等基本的感觉器官,所感受到的事物外形、色彩、质地等特性而引起的情感反映,这种反映可能是关注、舒适或喜欢等。

(2)行为层是指人在接触或使用事物过程中,所体验到的事物的效用、性能,并由此所产生的情感反映。这种反映可能是使用过程中体验到的乐趣,可能是便利快捷的使用感受或是使用后的满足感等。可见,行为层次关注的是产品的效用,以及人使用产品的感受。这种感受包括很多方面:功能、性能和可用性。其中,功能是首要的,再好看的设计,如果功能上不能满足需要,那么这个设计就是失败的。可用性体现了以消费者为核心的设计理念,它强调产品在特定使用环境下为特定用户用于特定用途时所表现出的有效性、效率和用户主观满意度。它主要针对的是设计定位、材质、造型和最终的设计评价等。当人们在使用产品的过程中感到迷惑或者沮丧时,会导致消极的情感体验;相反,如果产品满足了用户的需要,在使用时使人产生乐趣而且很容易实现目标,就会促使用户获得积极的情感体验。由此我们可以看出,可用性行为层次的设计是以人为中心,它将重点放在理解和满足消费者的需要上,这就要求设计者要理解、发现消费者还没有得到满足甚至还没有表达出的需求。

(3)反思层是在前两个层次的共同作用下,所产生的更深层次的情感,是前两个层次作用在消费者心中产生更深度的情感、意识、印象、理解、经历、文化背景等交织在一起所造成的影响,让人产生愉悦、难忘的情怀或更复杂的情感。这种情感最容易随文化、经验、教育和个体差异的变化而变化。它所关注的是形象、印象、形式和象征的涵义,消费者通过形式意义的理解而体验相应的情感,这有助于提高商品的附加值,更重要的是能激发人内心的情感,让人享受设计给他们所带来的乐趣。这种体验并不像本能层、行为层那样看得见、摸得着,而是消费者借助有形的实体所产生的无形的情感。

这三个层次是相互联系、相互影响、相互渗透的,它们是融为一体的。前两层会让人产生慰藉、欣赏、享受的感受,反思层的情感体验远远高于前两层,它会让人产生更深刻的幸福感及精神世界的丰富感。一个事物,有可能让人感受到前两个层次的影响,也有可能感受到三个层次的影响,这在于个人本身的感受。

包装,作为消费环节中与消费者必须接触的中介,它所激起的情感体验会明显地影响到消费者的购买决策。

5.3.2　包装本能层情感化设计

视觉刺激是激起消费者本能层情感体验的核心,包装设计中独特的文字编排、出色的颜色搭配、新颖的图片及脱颖而出的包装容器造型,都能够吸引注意,激起人本能层的情感体验,激发人们对产品的好感,具体体现如下。

(1)包装设计中色彩的运用与搭配,对消费者视觉的刺激作用是非常突出的,也是提升包装设计审美的关键性因素。我们可以从两个不同的角度出发:第一,我们可以从消费者的喜好出发,来确定包装中的色彩,以吸引消费者对产品的关注,从而借助移情,激发消费者对产品的购买意愿。比如,儿童都喜欢明快而丰富的色彩,针对他们的商品,在包装设计时就可以考虑鲜艳而多变的用色策略。如图 5-11 所示,夹心糖果的包装就很受儿童的喜欢。老年人则喜欢沉稳素雅的颜色,针对他们的商品包装就可以选择一些深沉的色调。如图 5-12 所示,中老年人保健品的包装在色彩上成功地定位于老年人阶层。第二,在包装设计选色时,我们可以利用色彩的情感效应,来突出包装的情感化设计。我们知道,不同的色彩会激发人不同的情感和心理活动。比如,红色会让人想到积极、热烈、喜庆,蓝色会让人想到清凉、深远、忧郁,绿色会让人想到生命、健康、安全等。在包装设计时,我们可以借助这些色彩的运用来激发消费者不同的情绪,从而引导他们来了解甚至购买商品。如图 5-13 所示,礼品的包装中对红色的运用很容易激发消费者喜悦的情绪,迎合节日的喜庆,激起他们对产品的兴趣。如图 5-14 所示的啤酒的包装,蓝色、绿色的运用让人在炎热的夏日联想到清爽,从而带来愉悦的情感,给产品以更多的关注。

图 5-11　夹心水果糖包装

图 5-12　老年食品包装

图 5-13　礼品的包装

图 5-14　啤酒包装

(2)图形能够直接而快速地传达信息,包装设计中图形的选择,已经成为设计成功与否的重要影响因素。包装设计中我们可以通过内涵丰富图形的运用,激发消费者购买产品的积极情感。包装设计中图形的选择,首先要能传达产品的信息,在此基础上,我们在设计和选择主体图形时要注重图形对消费者视觉的刺激,并实现对消费者积极情感的激发。第一,我们可以从图的内容上多思考,选择既能传达产品信息,又能抓住消费者眼球的图形,做到"投其所好"。利用心理学中经典条件反射理论,将消费者对图形的积极情感转移到对产品的积极情感。如图 5-15 所示的冰棒的包装中,以彩色铅笔书写的儿童手写体文字作为包装中图形的一部分,童趣十足,与产品的消费对象——儿童瞬间建立起亲近感,孩子们的喜爱之情瞬间就被激发起来。第二,我们可以从图形的表现手法入手,对同样内容的传达,选择更具美感的表达方法,提升包装的设计之美,以此来激发消费者的积极情绪,触发他们对产品的积极情感。如图 5-16 所示茶叶的包装中,主体图形选择了意境深远的中国山水画,既突显了茶叶深远的文化底蕴,又提升了包装的文化内涵。这种具有美感的包装设计在冲击消费者视觉感官的同时,必定能激发消费者积极的情感体验,为产品的销售创造条件。

图 5-15 冰棒包装

图 5-16 茶叶包装

5.3.3 包装行为层情感化设计

商品包装所体现出的便利的携带方式、友好的开合设计和符合受众需求环境的包装形式,又能够激起人们行为层的情感体验。

商品包装为消费者所提供的使用功效对消费者的情感体验具有重要的影响作用,这里的使用功效包括包装容器的开启方式、容装性以及包装使用时的友好性、互动性、携带的便利性和包装形式的多样性等。这些都和消费者接触商品紧密相关,影响着消费者的使用感受,决定着消费者行为层的情感体验。具体而言,可以从以下几方面提升包装给消费者带来的行为层的情感体验。

(1)设计舒适的携带结构。比如,可以给包装盒设计专门的提手结构,方便消费者携带。在确定提手宽度尺寸时,要结合人手的尺寸,提手的宽度应不小于手掌的宽度,保证携带的舒适度。当然,除了提手,还可以为包装容器设计其他易于携带的结构,比如在包装容器的适当部分添加丝带、麻绳等携带结构。

(2)在包装容器的开启和封合结构设计时,要考虑使用的便利性。比如充分考虑消费者的使用环境,设计更友好的开启和使用结构。如图 5-17 所示,农夫山泉的包装瓶中就设计了两种不同结构的瓶口,一种是普通螺旋开口,方便实用,密封性好;另一种是小口挤压卡扣结构,这种设计是考虑到消费者在运动过程中饮用水的需要。再比如图 5-18 所示蜂蜜的包装中,第一个瓶口设计得比较大,并配备了取用的勺子;第二个在瓶口设计了倾斜的导流口,并选择了弹性易于挤压的塑料材料,为消费者的取用提供了便利性。这样友好性的包装设计,能够让消费者充分感受到良好的使用体验,激发消费者积极的情感体验。

图 5 - 17　农夫山泉包装

图 5 - 18　蜂蜜包装

　　(3)在提高包装行为层情感体验时,还要注意包装材料的选择,在保证满足包装安全性的基础上,要尽量选择轻质材料,以减小包装的质量,减轻携带的负担。

　　(4)在包装容器设计时,要充分考虑消费者的购买动机、使用环境和需求,实现包装的多样化,提升消费者的使用感受。比如设计不同容积的包装容器,满足消费者不同的使用情境。如图 5 - 19 所示矿泉水的包装中,就有 300 mL,500 mL,1 L,2 L 等多种包装形式。再比如一些食品的包装,分了不同重量包装的同时,还分为普通装、礼品装、散装等不同形式,满足消费者各种需求。以上这些包装设计的理念,大大地提高了消费者购买和使用商品的舒适感和满足感,在一定程度上激发了消费者对商品积极的情感体验,这些势必会有利于商品的销售。

图 5 - 19　农夫山泉包装

5.3.4 包装反思层情感化设计

情感的反思层是由于本能层和行为层的作用,在消费者内心产生的更深层次的感受。反思层包括自我形象的展示、个人满意度的表现和记忆的体验。

包装设计中各个表现元素所体现出的审美情趣、文化内涵和企业精神,无形中提升了商品的定位,增加了商品的附加价值,满足了人们的精神需求,这无疑会激起人们反思层的情感体验,具体体现如下。

(1)包装上的图形、色彩等元素,既能够从视觉上吸引消费者,激发消费者的本能层情感,同时,富有美感的设计增加了产品的附加价值,提升了包装的文化内涵,从而激发了人们的审美情趣,满足人们精神上对美的需求。

(2)人性化的包装设计,不仅让消费者体验到使用上的便利,满足消费者行为层的情感需求,而且能让消费者感受到来自设计者的体贴与尊重,从而触动消费者的内心深处,激发情感共鸣,对产品的好感度逐渐加深,最终得到升华。

(3)进行包装设计时,融入环保、绿色的设计理念,以人性化设计来激发消费者反思层的情感需求。比如,使造型精致独特的包装容器具有二次开发利用的特性,这样既能体现绿色包装的环保理念,又能延长包装与消费者接触的时间,增加消费者对产品的记忆,从视觉和实用角度满足消费者的情感需求。如图 5-20 所示的包装中,将食品的包装容器设计成存钱罐的形式,这样当食品使用完后,可以留着包装容器继续发挥它存钱的作用。再比如图 5-21 所示饮料的包装中,设计成饮水杯的结构,当饮料喝完后,可以当水杯继续使用。这种环保意识会激发消费者对企业产生积极的情感。

图 5-20 食品包装

图 5-21 饮料包装

5.3.5 情感化包装理念在土特产包装设计中的应用实例

随着物质财富的不断丰富以及个性化消费需求的逐渐兴起,人类社会即将步入体验经济时代。情感作为消费者购买行为体验的核心,在"设计者—包装—消费者"这一模型的实现过程中,扮演着日益重要的角色。既能够抓住眼球,又能够抓住情感的包装,才是符合现代消费观念的包装。

土特产作为特殊的商品,它的包装已经成为其产地特有的名片,传递着产地的信息与文化。在土特产的包装设计过程中,我们要充分注重激发消费者的情感,引入情感化设计理念,一定会提升土特产的市场影响力,增加土特产的销售,从而带动地方经济的发展。

1.土特产包装本能层情感化设计

土特产作为一个地方特有的商品,已经成为产地的特殊名片。在对土特产进行包装设计时,我们要把这一点突出表达出来,将地域文化元素成功地融入到包装设计中,以便于借助地域文化的影响力和独特性来增强土特产包装对消费者的吸引力,提升包装的内涵,刺激消费者的感觉器官,从而激起消费者本能层的情感体验,具体体现如下。

(1)任何一种包装有了地方色彩才能与众不同,才能富有视觉冲击力。对土特产而言,在包装颜色的选择上要以当地独特的用色风格为参考。如果留意,我们会发现,每个地区的民风民俗和民间艺术品在色彩的运用上都体现了该地区的用色特性,从而形成了当地特有的用色风格。比如,赣南地区用色的突出特点是以蓝、黑、灰、白、暗红为主,而陕西地区则以高饱和的红、绿、黄、紫为主,黑、白、灰色则作为辅助色或过渡色。在土特产包装设计时,我们要在总结和提炼当地用色风格的基础上,结合产品的特点,来确定包装设计的用色方案,很好地将特产与当地的文化联系起来,在突出特产地域性的同时提升产品包装的文化内涵,从而成功地激发消费者的情感体验,增加他们对产品的好感和兴趣,最终促成产品的销售。如图 5-22 所示的淮阳泥泥狗的包装,以高饱和的红色为背景色,内部以对比鲜明的黑、白为主色,整体呈现出浓厚、夸张、强烈的用色特点,体现了浓郁的中原用色习俗,这样的包装,一方面给人以强烈的视觉刺激,吸引眼球,另一方面赋予了产品伏羲文化的神秘感和历史感,提升了包装的品味和内涵。

图 5-22　淮阳泥泥狗包装

图 5-23　湘西苗家辣椒酱包装

(2)在土特产包装的图形设计环节,要注重当地特色图形元素的引入,这样既能够突出特产的"特",又能够提升产品的品味,从而激发消费者购买产品的积极情感。各地区独特的民俗文化和形式多样的民间艺术都可以作为包装的图形设计素材,以不同的形式应用于土特产的包装中。比如陕西剪纸,舟山布袋木偶,河南淮阳泥泥狗等具有地方代表性的民间艺术形式就可以作为当地土特产包装设计中主题图形的表现形式;而民俗艺术品上的图案纹理,比如关中地区民俗作品中常见到的刘海戏金蟾、五子登科、五福捧寿、龙凤呈祥等图样,赣南地区常用的波浪纹、螺旋纹以及金线单纹等纹样;湖湘地区的卷涡纹、云气纹、龙凤纹和神怪等纹样,就可以作为土特产包装中的主题图形或辅助图形,起到装饰或突出主题的作用。如图5-23所示的湘西苗家辣椒酱的包装中,就灵活地运用了湘西的传统图形,以身着传统苗家服饰的人物形象作为包装的主体图形,以苗家的织锦纹样作为包装开启处边缘的辅助图形,这两处相得益彰,给产品包装赋予了浓浓的湘西地域文化气息,为辣椒酱的包装添色不少。

2.土特产包装行为层情感化设计

对土特产进行包装设计时,要充分考虑土特产的特殊性和消费者购买此类商品的心理及情感需求,从而使消费者产生良好的使用感受,激发他们积极的行为层情感体验,具体体现如下。

(1)对包装容器的造型设计时,在保证包装基本的容装与携带功能的前提下,要考虑消费者的需求。购买土特产的消费者,有一大部分都是外地游客,因此土特产的携带是否安全便捷,对于他们而言非常重要。这就要求土特产的包装容器要有舒适的携带结构,要轻,要选择密度轻的材料,在包装容器的开启和封合结构设计时,考虑到游客要长时间携带和存放,包装容器封合的密闭性要好,以延长产品的保质期。如图5-24所示的大力米的包装就是一款优秀的行为层包装设计,包装中采用竹节作为手提部位材料,外部光滑,有硬度,粗细合适,大大提高了人们携带时的舒适感,在容器主体部分选用了可以回收利用的瓦楞纸,这种材料既轻又环保,成功地减轻了包装的质量,同时瓦楞纸自身的硬度给商品提供了良好的保护性,瓦楞纸外部突出的楞形,又增加了包装视觉上的装饰感。

(2)从方便消费者挑选商品角度出发,要充分考虑土特产的组合包装策略。土特产种类多样,但是对外地游客而言,分辨哪些是当地最具代表的特产其实是比较伤脑筋的。我们在对土特产进行包装设计时,就可以给消费者提供这方面的帮助。比如为本地的土特产设计一个通用的代表性标志,并将其应用于所有本地的土特产包装上,这样就解决了消费者辨认难的问题。同时,考虑到消费者面对丰富多样的土特产品,难以抉择买哪些更合适的普遍问题,在对土特产包装时,可以采取将不同特产进行组合包装的策略,组合形式可以多样化。例如将有代表性的地方特产进行组合,也可以将同类特产组合,或者将各类特产中最有代表性的产品组合,等等,具体可以参考消费者不同的需求而定。

(3)在进行土特产包装设计时,要充分考虑消费者的购买动机和需求,实现包装的多样化。通过市场调查和分析,我们发现,消费者的主要购买动机为:①作为馈赠朋友的礼品;②买给自己或家人。针对前者,在包装设计时就要考虑消费者赠送礼品时的情感需求,设计专门的礼品装,注重提升产品的附加价值。针对后者,则要注重实惠性,提供灵活的包装计量和经济的包装形式。相信这样贴心的包装,一定能大大提高消费者购买时的满意度,给消费者提供良好的行为层情感体验。

3.土特产包装反思层情感化设计

土特产包装反思层的情感体现,其实就是前两层情感的深化与升华。首先,土特产包装中具有地方特色的图形、色彩等元素,既能够从视觉上吸引消费者,激发消费者的本能层情感,读到了不同地域文化的灵魂,丰富了消费者的精神世界,从而激发消费者更深层次的思考,最终提升他们对产品的认识。其次,在进行土特产包装容器设计时,突出人性化,传达给消费者爱和尊重。如图 5-25 所示的陕西特产西凤酒的包装,酒瓶造型被设计成一个古典感十足的花瓶,再加上外部印刷精美的图案,华贵的质感,促使消费者不愿将其舍弃,留在家中作为花瓶或仅作为一个装饰用的摆设,都是不错的选择。也许很久以后,当酒瓶再次映入眼帘时,就会勾起消费者对旅游时美好时光的回忆,亦或是对酒香醇口感的回味,从而丰富消费者对产品的情感体验。此外,可以尝试突出地方特色的趣味性包装,以提高消费者对产品的兴趣,调动消费者愉悦的情感,提升他们对产品的满意度。如图 5-26 所示的台湾特产海产品的包装中,就紧密结合了渔村人打鱼生活的特点,将包装容器设计成渔船或竹子鱼篓的造型,生动地呈现了当地浓厚的渔村文化,使人们不禁联想到勤劳的渔人划着木船,在太阳初升的清晨,将一只只鲜活的鱼儿装进竹篓的画面,让人真切地感受到丰收的喜悦,从而激起消费者内心深处的触动,产生情感的共鸣。

图 5-24　米包装　　　　　　　　　　图 5-25　西凤酒包装

图 5-26　海产品包装

　　土特产作为当地无形的名片,本身就蕴含着特殊的情感信息,在对土特产进行包装设计时引入情感化理念,能提升设计水平,赋予土特产包装更丰富的内涵,继而成功地调动人们的情感,吸引更多的消费者;也只有这样,才能更好地实现土特产包装促进销售和加强地域文化传播的双重使命。

第6章　包装案例赏析

通过前面各章节的讲解,我们已经掌握了包装设计的方法和技巧,这一章,我们通过对一些包装案例的赏析,来巩固前面所学的知识。日常生活中,我们所见到的商品按属性不同,可以分为食品、药品、日用品、礼品和饮料等几大类。产品的属性不同,包装的方法和切入点也会有所区别。以下我们就按照产品的属性划分,分别来赏析一些商品的包装案例。本章中所用图片,如图6-1~图6-5所示的图均来自百度图库;如图6-6所示的图来自《CorelDRAW与包装设计》。

6.1　食品包装案例

食品类商品包装如图6-1所示,从风格上要突出生活化气息,因此从颜色上要突出鲜亮多变的特点,可以选择形象色、情感色。在主体图形的选择上,可以突出产品特性,以产品原型或原材料为基本形的具象图形,也可以考虑采用情节表现方式的组图式的图形。表现形式可以根据消费对象的不同,采用照片、绘画及卡通等形式。针对食品的包装设计,可以在商品名称的字体上多下功夫,结合商品的特点,设计形式多样的字体,采用独特的排列方式,以提升商品包装的吸引力。包装容器的造型结构,可以打破常见的传统包装形式,追求全新的包装结构形式。结合商品的使用环境,设计方便开合和储存的结构形式。

图6-1　食品类商品包装

续图 6-1　食品类商品包装

续图 6-1 食品类商品包装

6.2　药品包装案例

药品类商品包装如图 6-2 所示。药品是一种特殊的商品,消费者在选购药品时,通常出于两个方面的缘由:一方面是医生的推荐,慕名去买;另一种是根据自己的症状,对症买药。根据消费者的消费特点,特别是针对第二种情况,在进行药品包装设计时,要注重药品功能的传达。因此,在药品包装设计时,更多的是采用产品定位观。主体图形可以选择能体现药品功能的抽象图形,这些抽象图形一般都由一些几何形构成。药品包装采用抽象图形时,通常是以消费定位观居多。药品包装中的文字在设计时,要结合产品的属性。一般情况下,药品的名称都会选择严肃规范、棱角鲜明的字体,以提高产品的可信度。包装上文字在编排时,要注重药品功能的传达,可以将一些资料性文字放在产品包装的主要展示面上。药品的包装规格对药品的使用至关重要,出于提升包装便利功能的目的,更好地引导消费者正确使用商品,应该将药品的包装规格放置在醒目的位置,比如包装的主要展示面上。在选择包装色彩时,以简洁素雅为主,具体的颜色,可以根据药品的功能主治,选取情感色。比如滋补类的药品可以选择暖色,清凉下火的可以选择冷色等。此外,针对一些知名品牌的药品包装,可以突出品牌信息,比如品牌色的运用、品牌标识的强化等。药品的包装结构要结合药品的形态和服用量来设计,为消费者提供方便的取用方式和科学的储存方式,提高包装的用户体验。

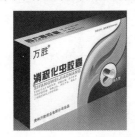

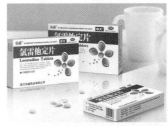
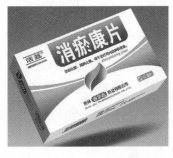

图 6-2　药品类商品包装

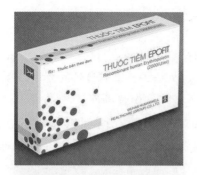
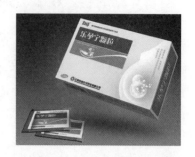

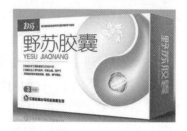

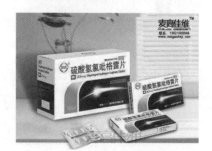

续图 6-2　药品类商品包装

6.3   日用品包装案例

这里的日用品包括我们日常生活中的个人洗护用品、个人护肤用品、常备家用清洁用品等。这些商品种类繁多,品牌竞争非常激烈。在对这类商品包装设计时,要根据情况,采用商品定位观或产品定位观。当市场竞争激烈时,品牌形象良好的,突出品牌信息,以商品定位为主;产品有出众功能的,以产品定位为主。对日用品进行包装设计时,主体图形的选择上,以突出产品特性和品牌形象为主。色彩运用以鲜亮的颜色为主。整体设计突出简洁明了的风格。包装规格要尽量多样化,以满足消费者在不同环境下的使用要求,比如家庭装、旅行装等,如图 6-3 所示。

图 6-3   日用品包装

续图 6-3　日用品包装

6.4　饮料包装案例

饮料包装设计,主要是以硬质容器为主,如图 6-4 所示。在设计中,首先要根据商品的属性来设计适当的包装容器造型,关于造型与商品属性的选择,在容器造型设计中已经详细地讲解了。其次是饮料容器上的装潢设计,即瓶贴的设计。在进行瓶贴的装潢设计时,要有主要展示面和次要展示面的划分。主要展示面是呈现在瓶子前面的部分,这个区域要安排商品名称、品牌信息、主体图形及其他重要信息;次要展示面一般在瓶子的侧面或后面,这个区域一般安排与商品使用和保养有关的资料文字和说明文字。

瓶贴在设计形式上基本分为前后贴和围绕贴两种。前后贴的形式,即将瓶贴分为两个独立的部分,分别贴在容器的前面和后面。前贴是主要展示面,后贴是次要展示面。针对这种形式的瓶贴,其形状可以是规则的长方形或根据瓶子造型特点,设计成圆形、椭圆形等其他不规则的形式。围绕帖即一个完整的瓶贴围绕瓶身一圈或多半圈来粘贴,这种形式的瓶贴展开后是一个平面。由于通常的容器瓶都以中心对称的造型为主,所以瓶贴通常以长方形最为多见。当然也可以根据瓶子造型的变化,将瓶贴设计成扇形或其他形状。在瓶贴的区域划分上要注意,应该有明确的主要展示面和次要展示面。一般情况下,可以划分的方式有两分法、三分法和四分法三种。两分法,就是将瓶贴划分为两个区域,其中呈现在瓶子前面的区域为主要展示面,另一区域为次要展示面。三分法,是将瓶贴划分为左、中、右三个区域,其中中间的区域为主要展示面,呈现在瓶子的前面,另外两个区域是次要展示面,呈现在瓶子的侧面及后面。四分法,是将瓶贴划分为四个区域,即左侧、右侧、前面和后面。在装潢元素安排时,前面和后面是主要展示面,通常设计的一样,左侧和右侧为次要展示面,将资料文字和说明文字分别安排在这两个面上。

饮料作为食品的一类,在装潢设计风格上,多以鲜亮的色彩为主色调,多运用形象色。定位风格上,多采用商品观、产品观和消费观。主体图形的选择一般以原材料、产地信息及消费对象的信息呈现为主。

图 6-4　饮料包装

续图 6-4 饮料包装

6.5 礼品包装案例

一般作为礼品的商品包括茶、酒、食品类(如月饼、粽子)及土特产类等,如图 6-5 所示。礼品使用目的明确,和节日密切相关,进行礼品包装设计,要注重产品自身之外的内容的传达,因此对礼品的包装,更多采用文化定位观。每个节日都有其来历和节日风俗,这些都可以成为礼品包装设计的素材。包装中的主体图形的内容可以体现节日的来历、产品的加工工艺、美好的祝愿、文化内涵及商品自身等。色彩上可以根据风格定位来选取。比如,想提升产品的文化内涵,可以选择内敛深沉具有文化韵味的颜色,比如水墨色、赭石色、青灰色等;想突显节日愉快的氛围,可采用衬托喜庆的红、黄等艳丽的颜色。礼品包装材料的选取应该注重其材质质感,比如采用金属材料、卡纸、铜版纸等,它们印刷效果优良,能很好地提升商品的品质。

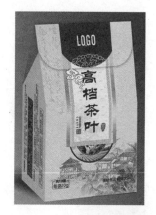

图 6-5　礼品包装

续图 6-5 礼品包装

6.6 包装盒结构案例

包装容器的形式多样,但是由于纸质材料具有易于机械化加工成形、易于印刷、材质轻、成本低、可回收等优点,在包装中应用最为广泛。在纸质材料的包装容器中,包装盒占了很大的比例。如图 6-6～图 6-20 所示是一些包装盒的结构图。

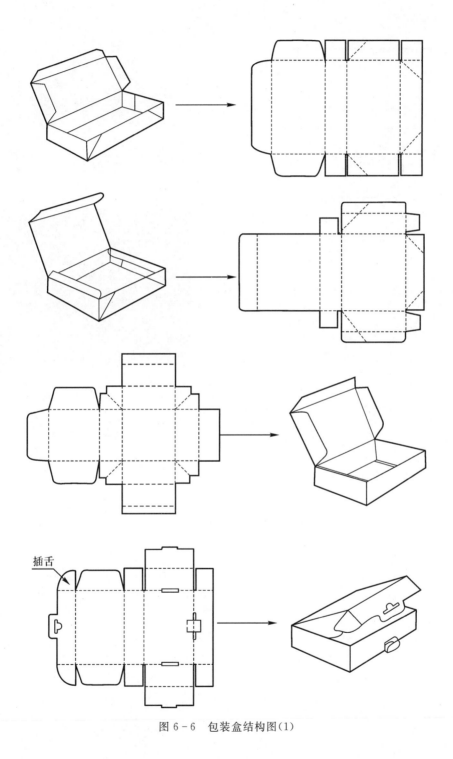

插舌

图 6 - 6　包装盒结构图(1)

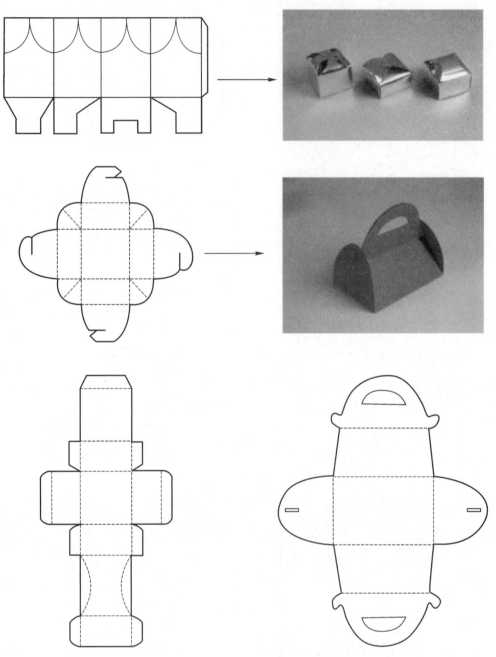

图 6-7　包装盒结构图(2)

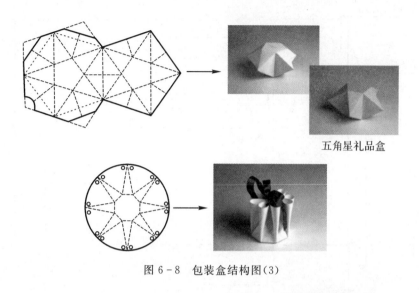

五角星礼品盒

图 6-8　包装盒结构图(3)

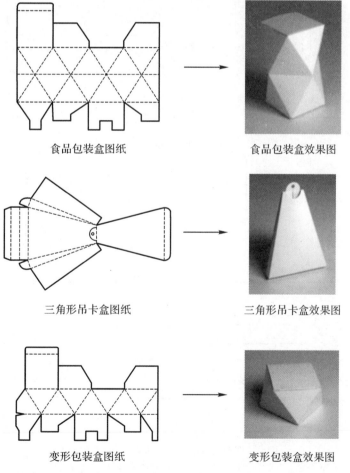

食品包装盒图纸　　　　　　食品包装盒效果图

三角形吊卡盒图纸　　　　　三角形吊卡盒效果图

变形包装盒图纸　　　　　　变形包装盒效果图

图 6-9　包装盒结构图(4)

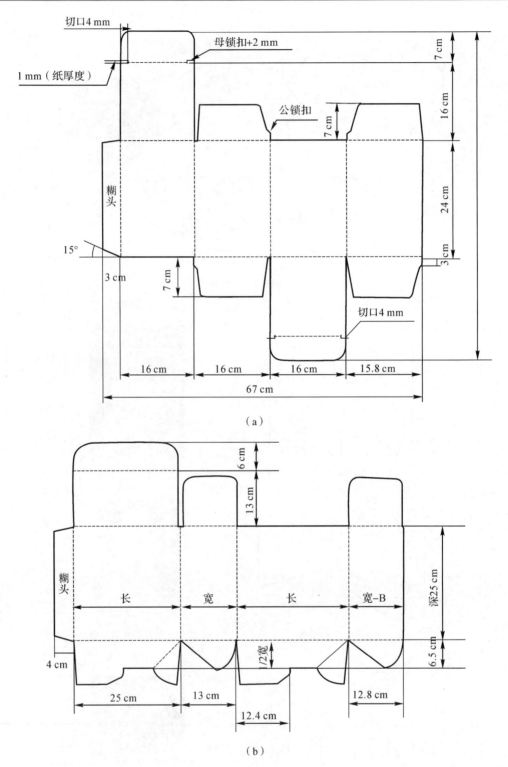

切口4 mm

母锁扣+2 mm

1 mm（纸厚度）

公锁扣

7 cm

16 cm

糊头

24 cm

15°

3 cm

3 cm

7 cm

7 cm

切口4 mm

16 cm

16 cm

16 cm

15.8 cm

67 cm

（a）

6 cm

13 cm

糊头

长

宽

长

宽-B

深25 cm

1/2宽

6.5 cm

4 cm

25 cm

13 cm

12.4 cm

12.8 cm

（b）

图 6－10　包装盒结构图(5)

（a)包装盒管式基本结构一:国际标准反向合盖纸盒;(b)包装盒管式基本结构二:标准自动底

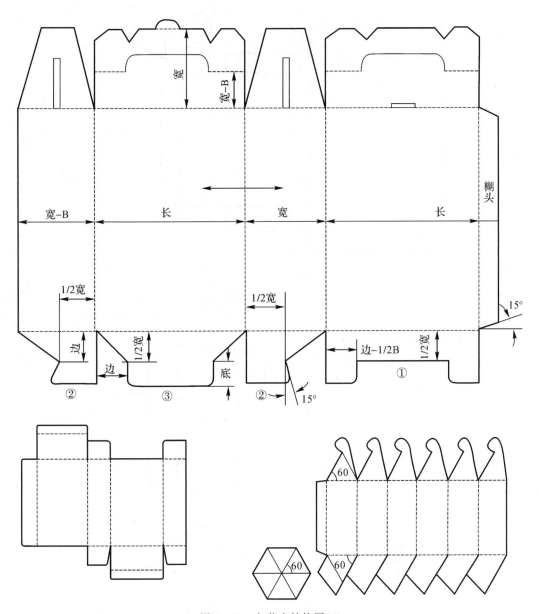

图 6-11　包装盒结构图(6)

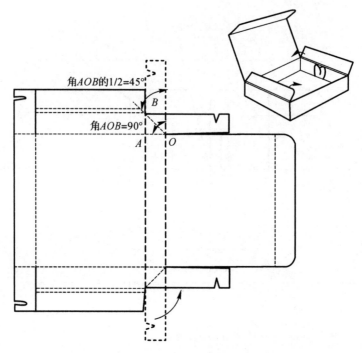

图 6－12　包装盒结构图（7）

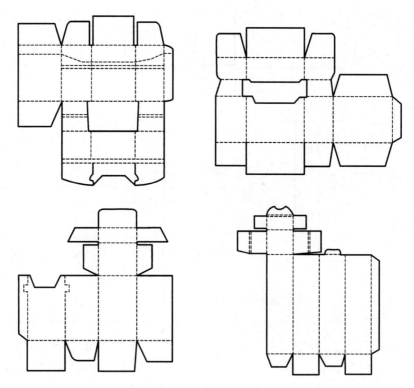

图 6－13　包装盒结构图（8）

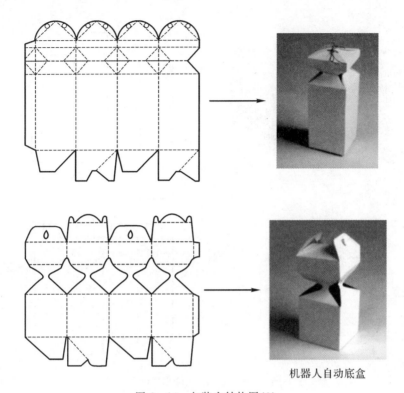

机器人自动底盒

图 6 - 14 包装盒结构图(9)

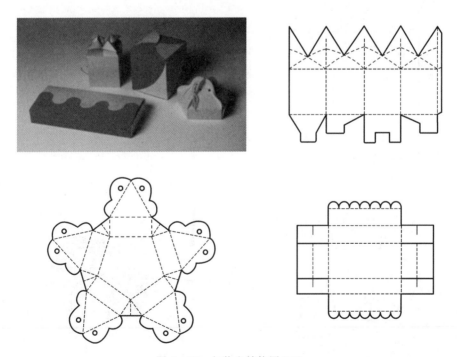

图 6 - 15 包装盒结构图(10)

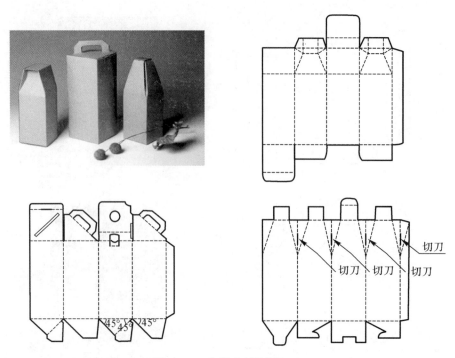

图 6 - 16　包装盒结构图(11)

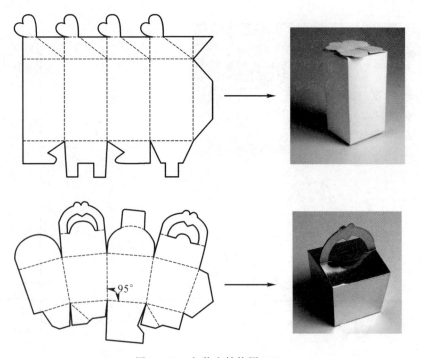

图 6 - 17　包装盒结构图(12)

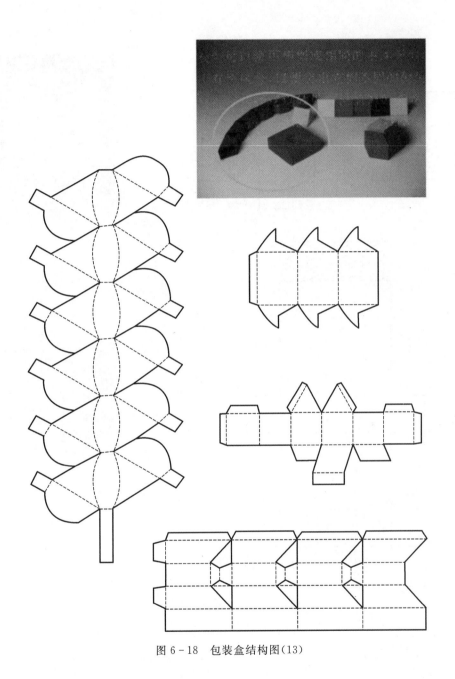

图 6-18 包装盒结构图(13)

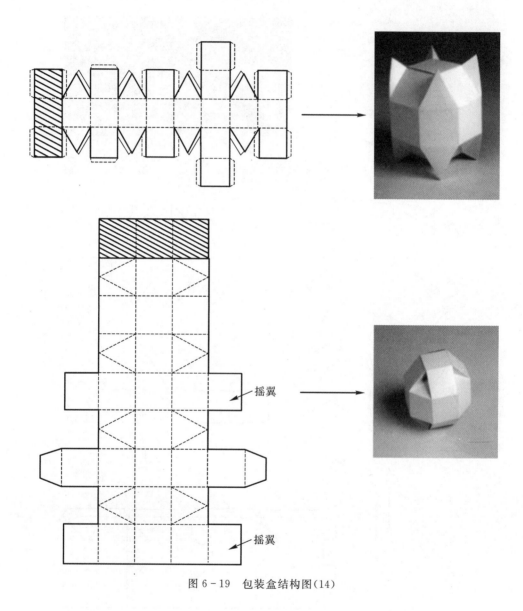

图 6 - 19　包装盒结构图(14)

摇翼

摇翼

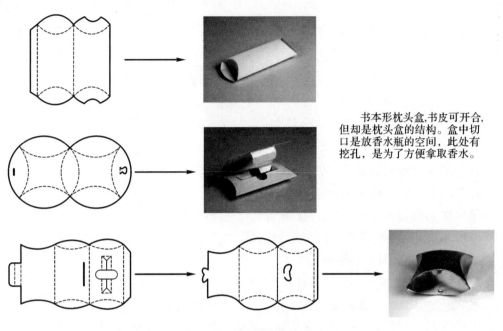

书本形枕头盒,书皮可开合,但却是枕头盒的结构。盒中切口是放香水瓶的空间, 此处有挖孔, 是为了方便拿取香水。

图 6 - 20　包装盒结构图(15)

参 考 文 献

[1]　肖禾.包装造型与装潢设计基础[M].北京:印刷工业出版社,2000.

[2]　陈希.包装设计[M].北京:高等教育出版社,2004.

[3]　张丽红.商品包装与营销术[J].上海包装,2002(1):15-16.

[4]　陈希.包装设计[M].2版.北京:高等教育出版社,2008.

[5]　王伟.设计色彩[M].沈阳:辽宁美术出版社,2006.

[6]　曹霞,满懿.包装设计与广告传播[J].中国包装,2005(6):49-50.

[7]　赵红.CorelDraw与包装设计[M].北京:中国铁道出版社,2006.

[8]　姚斯亮.广告与包装匹配对品牌认知的影响[D].兰州:西北师范大学,2007.

[9]　许之敏.广告设计[M].北京:中国轻工业出版社,2003.

[10]　王怀明.广告心理学[M].长沙:中南大学出版社,2013.

[11]　尤飞,马爽.品牌产品包装的创意要素研究[J].包装工程,2016,37(6):9-13.

[12]　冯华,杨茜,孔祥俊.地域文化在陕西土特产包装设计中的应用探究[J].中国包装工业,2015(9):82-83.

[13]　罗滔,张鹏.大数据时代基于叙述性理论的农产品品牌包装设计研究[J].包装工程,2016,37(2):5-8.

[14]　刘雪琴.包装设计教程[M].武汉:华中科技大学出版社,2012.

[15]　林崇德,杨治良,黄希庭.心理学大辞典[M].上海:上海教育出版社,2003.

[16]　诺曼.情感化设计[M].付秋芳,程进三,译.北京:电子工业出版社,2005.

[17]　胡晓瑛.试论中原经济区土特产包装设计之民族风[J].包装工程,2013,34(4):75-78.

[18]　王雅静.湖湘传统图形在特产包装中的应用研究[D].长沙:湖南师范大学,2014.

[19]　张旗,吕林雪.土特产包装设计中的民间美术因素研究[J].包装工程,2012,33(10):1-4.

[20]　秦旭瑞,钱永宁.包装设计[M].武汉:湖北美术出版社,2007.

[21]　于静.包装设计[M].沈阳:辽宁美术出版社,2006.

[22]　李立君.包装设计[M].沈阳:辽宁美术出版社,2014.

[23]　丁剑超.包装设计[M].北京:中国水利水电出版社,2006.